刊行にあたって

物質の三態である気体，液体，固体の作る気体と液体の界面を有する泡，液体と液体の界面を持つエマルション，ならびに液体と固体の界面を含むサスペンションは分散コロイドと呼ばれ，必ず界面張力が働く。この界面張力と界面積の増分の積である界面エネルギー変化は大きな正の値になるので，分散コロイドが熱力学的に不安定になることはよく知られている。しかしながら，我々の身の回りには多くの分散コロイドが存在し，比較的長い時間にわたり安定に分散している。これは，先人達の界面エネルギー変化をできる限り小さくする知恵と工夫のたまものである。

分散コロイドを対象とする学問分野は界面・コロイド科学で，その歴史は古く，20世紀後半の理論の新展開や新規な測定技術の開発などに基づく当該分野のルネッサンスあるいは新しいパラダイムの出現を経て，徐々に分散コロイドの界面の姿が明らかにされ，その研究成果は多くの会議録や著書などにまとめられている。

一方，実際的応用分野における分散コロイドは極めて多い。たとえば，液中に気体が安定に分散しているシェービングフォーム，メレンゲなど，液中に油脂類が安定に分散しているシャンプー，ドレッシング，マヨネーズなど，液中に固体粒子が安定に分散しているインク，化粧品，塗料，土木建材などがある。したがって，それぞれの分散コロイドを調製・利用している工業・産業分野において，コロイド粒子を需要に合った状態で如何に分散安定化するかは極めて重要である。

そこで，本書では，分散コロイドの基礎から応用までが把握・理解できるように，分散コロイドの基礎，実験的研究事例，実際的応用分野の事例を挙げ，できる限り平易に記述した。なお，本書は，第1章から第3章までの分散コロイドの関わる界面の入門的な基礎と，第4章から第6章までの泡，エマルション，サスペンションの順に，それぞれの基本事項と実験的研究事例に加えた実際的応用分野の事例からなる。

本書の執筆には，基礎と実験的研究事例を川口が，実際的応用分野の事例を早川がそれぞれ担当した。執筆に際しては株式会社シーエムシー出版の深澤郁恵さんに大変お世話になった。また，本書原稿を査読し，多くの有意義な助言を頂いた山本みどり博士に感謝する。最後に，本書が分散コロイドに関わっている，あるいは今後関わる予定の研究者あるいは技術者に対して少しでも役立てば幸いである。

2017年8月

執筆者を代表して
川口正美

目　次

第1章　界面……1

第2章　界面現象……9

第3章　分散コロイドとは……17

第4章　泡……25

第5章　エマルション……57

第6章　サスペンション……95

第1章　界面

1　界面（表面）とは

界面とは物質の三態である気体，液体，固体のそれぞれの集合体，すなわち相が互いに溶け合わずに存在する場合に，二つの相の接触している境界面を界面と呼ぶ。熱力学では界面を1つの相，界面相として取り扱う。気体同士の界面は存在しないので，気体-液体（気-液），気体-固体（気-固），液体-液体（液-液），液体-固体（液-固），固体-固体（固-固）の5種類の界面が存在する[1)]。また，気体と接する液体は液体表面と，気体と接する固体界面は固体表面とそれぞれ呼ぶこともある。

2　ソフトな界面とハードな界面

界面の形状が自在に変形できる界面，すなわち気-液界面と液-液界面をソフトな界面という。一方，形状の変化しない固体と界面を形成する場合をハードな界面と呼ぶ。

3　界（表）面張力

界（表）面が形成されると，界（表）面には単位長さあたりに働く力の界（表）面張力が生まれる。

3.1　界（表）面張力の源は

界（表）面張力は，界面を形成する物質間の分散力（分子間引力）によって生じる。たとえば，気-液界面では図1に示すように液体表面に存在する分子sには不均一な分散力が，液相内部の分子bには均一な分散力がそれぞれ働き，この分散力の違いが液体の表面張力を生む。deBoer[2)]とLondon[3)]によれば，液体の分散力による表面張力γ^{d}は式(1)で与えられる。

$$\gamma^{d}=-\pi N^{2}\alpha^{2}I/8r^{2} \tag{1}$$

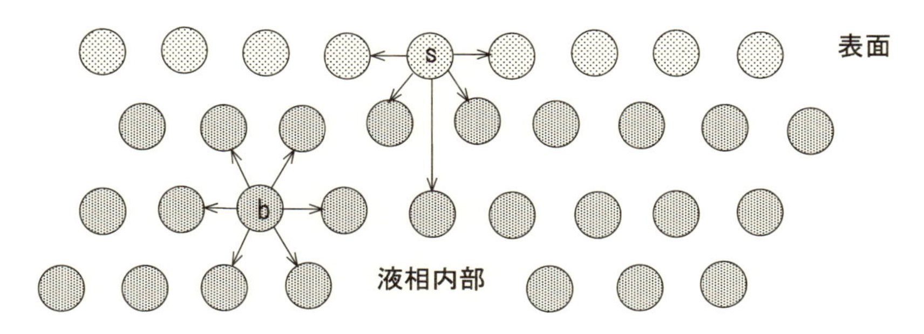

図1　気-液界面近傍の模式図
sとbは液体表面および液体中に存在する液体分子，矢印は液体分子間に働く引力を示す。

ここで，Nは液体の分子数，αは液体の分極率，Iは液体のイオン化エネルギー，rは分子間距離である。

次に，液-液界面に働く界面張力をFowkesのモデル[4)]を用いて簡単に説明する。Fowkesは，図2に示すような油分子と水分子とが形成する界面相で，実測される油と水の表面張力(γ_o, γ_w)に，実測できない分散力に依存する油と水の表面張力(γ_o^d, γ_w^d)の幾何（相乗）平均$(\gamma_o^d, \gamma_w^d)^{1/2}$で表される張力が作用すると仮定し，式(2)で油-水界面の界面張力γ_{ow}を表している。ただし，無極性の油分子の場合，分散力しか作用しないので分散成分のみの表面張力は実測される油の表面張力に等しい。一方，極性である水の表面張力は水素結合に依存する張力と分散力による張力の和で与えられる。

$$\gamma_{ow} = \gamma_o + \gamma_w - 2(\gamma_o^d \gamma_w^d)^{1/2} \tag{2}$$

式(2)を用いて，実測される界面張力と表面張力から，炭化水素などの無極性の油に対するγ_o^dの平均値は21.8±0.7 mN/mと得られる。また，この値は式(1)から計算される値の25.4 mN/mに近いことも分かっている。

その後，互いに溶け合わない液体同士の界面相は不均一であるという考えから，最近になって，Davidは界面における液体密度の枯渇モデル[5)]，すなわち表面張力の高い液体の一部が表面張力の低い液体に対して界面から離脱するモデルを用いて，油-水界面（油に比べて表面張力の高い水を実際の密度で規格した密度を$\bar{\rho}_w$とする）の張力に対して式(3)を提案している。

$$\gamma_{ow} = \gamma_o + \gamma_w - 2\bar{\rho}_w\{\bar{\rho}_w + \zeta(1-\bar{\rho}_w)\}(\gamma_o \gamma_w)^{1/2} \tag{3}$$

ここで，$0 \leq \zeta \leq 1$である。式(3)から計算される油-水界面張力は実測値とかなり良い一致を示すことが分かっている[5)]。

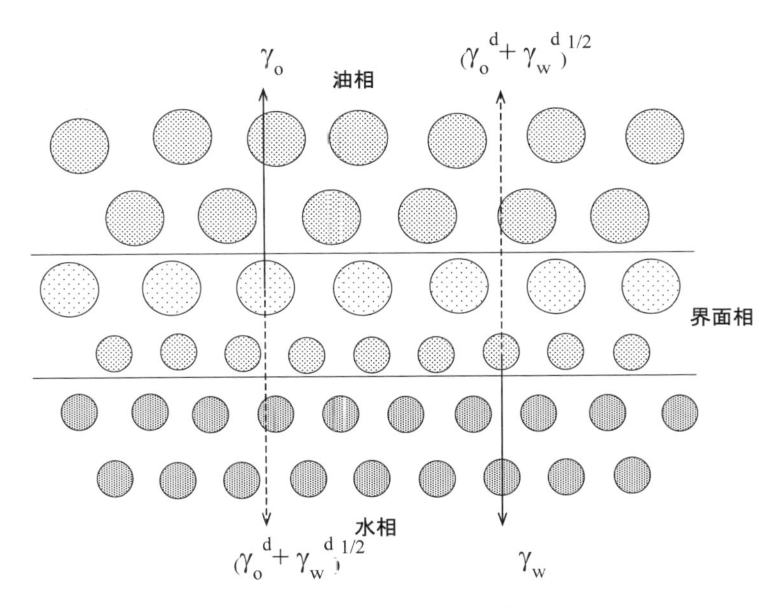

図２　油-水界面近傍の模式図

γ_o と γ_w はそれぞれ実測できる油および水の表面張力で，γ_o^d と γ_w^d はそれぞれ実測できない分散力に依存する油および水の表面張力である。

3. 2　界（表）面張力の生むエネルギー

新たな界（表）面が形成される場合には，新たな界（表）面積が生じるので系の Gibbs の自由エネルギー変化 ΔG は次式で表される。

$$\Delta G = \Delta H - T\Delta S + \gamma\Delta A \tag{4}$$

ここで，ΔH はエンタルピー変化，T は絶対温度，ΔS はエントロピー変化，γ は界（表）面張力，ΔA は界（表）面積変化である。したがって，界（表）面が形成されると（$\Delta A \gg 0$）式(4)の右辺第３項の $\gamma\Delta A$，界（表）面エネルギーはかなり大きな正の値となるので，ΔG の値は正となる。つまり，後述するソフトな界面の泡とエマルション，ハードな界面のサスペンションが生成する際には必ず新しい界面が生まれるので，それらの分散安定性を議論するのに式(4)は重要となる。

3. 3　界（表）面張力の測定法

ソフトな界面での界（表）面張力の測定法には幾つかの手法が提案されている。ここでは，簡便・汎用な円環法，吊り板法，懸滴法について述べる。

円環法はリング法とも呼ばれ，張力を計測する天秤の先に細い白金の針金で作ったリングを吊るし，液体表面からリングを引き離すのに必要な力を計測する方法である。溶液中の溶質が界（表）面への吸着を伴う液-液界面張力，溶液表面張力の測定に円環法を用いる場合には，リングが離れる際に液体界（表）面を乱すので吸着物質が脱着しないことを確認しておく必要がある。

吊り板法はWilhelmy法とも呼ばれ，天秤の先に白金やガラスの薄い板，ろ紙などを吊るし，吊り板が液面に接し，引き込まれる際に掛かる力を計測する方法である。白金板表面にはサンドブラスト（砂吹き）を施し，ガラス板にはスリガラスを用いて，吊り板が液体に良く馴染む，すなわちぬれることが必要である。この吊り板法は液-液界面にも利用されており，密度の高い液体を先に入れ，それに吊り板を接するように吊るし，続いてその上に密度の低い液体を吊り板が完全に液中に入るまで注ぐ。その際に，界面を乱さないように注意する必要がある。油を液体に使用する場合には，油と吊り板のぬれを向上するために吊り板を内炎の煤で被覆するなどの工夫が行われている。

懸滴法では，検体の液体中に注射器で気体や別の液体の滴を作り，その滴の形状を画像計測して，計算式を用いて張力を求める方法である。張力は滴のサイズに依存するので，注射器の先から離脱しない最大の滴に相当する最適なサイズの滴を決める必要がある。また，液-液界面の張力を測定する際には，滴を作る注射器の先の材質と液体とのぬれ性を考慮する必要もある。滴を拡大して画像計測できるので，円環法や吊り板法に比べ検体量が少なくて済み便利である。

3.4　表面張力の関わる2，3の現象

液体が別の液体，あるいは固体と界面を形成する場合には，液体の表面張力が深く関わる現象として接触角，ぬれ，臨界表面張力がある。

液体の滴を液体表面あるいは固体表面に置くと，滴と溶け合わない場合には前者で液-液界面が，後者で液-固界面が形成され，それぞれの界面を形成する物質の表面張力の他に液-液界面張力（図3）と液-固界面張力（図4）が働くはずである。したがって，ソフトな界面の液-液界面には3つの接触角を，一方，ハードな界面の液-固界面には1つの接触角をそれぞれ考える必要がある。

図3に示す油と水の表面張力をγ_oとγ_w，油と水との界面張力をγ_{ow}，気-油，気-水，油-水との接触角をそれぞれθ_{go}，θ_{gw}，θ_{ow}とすると，平衡での張力の間に式(5)が成立する。

$$\gamma_w \cos\theta_{gw} = \gamma_o \cos\theta_{go} + \gamma_{ow} \cos\theta_{ow} \tag{5}$$

式(5)の右辺第2項を左辺に移項した値は拡張係数と呼ばれ，拡張係数が正の場合に油は水面に拡がり，一方，負の場合に油は水面に留まる。したがって，第2章2節で述べる水面に有機物や高分子の薄膜を展開・形成する場合には，拡張係数の正である展開溶媒を使用する必要がある。

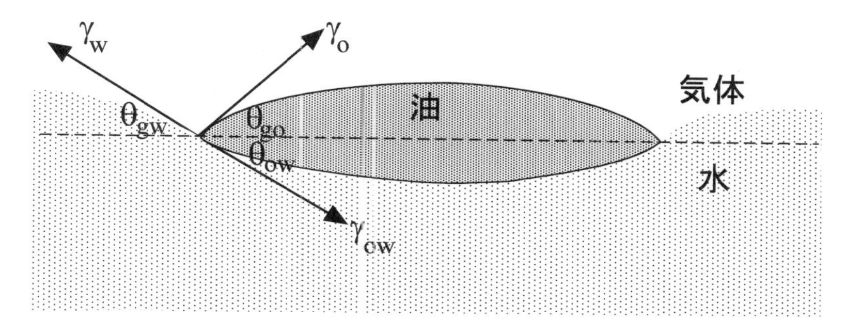

図３　水表面に油液滴が拡がった場合に働く張力あるいは界面張力と接触角の模式図
γ_w，γ_o，γ_{ow} は順に水の表面張力，油の表面張力，油-水の界面張力で，θ_{gw}，θ_{go}，θ_{ow} は順に気体-水，気体-油，油-水の接触角である。

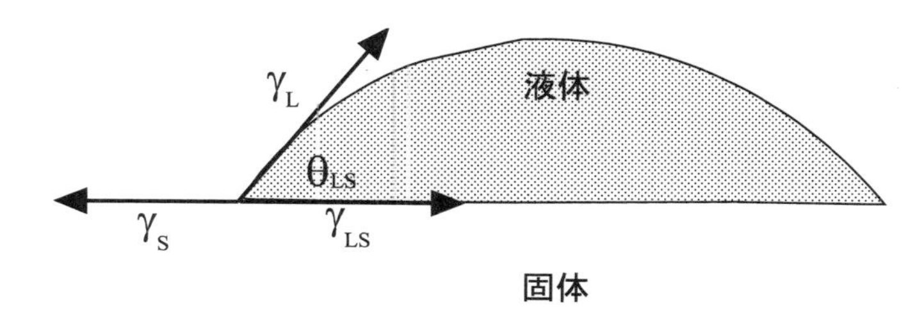

図４　固体表面に油液滴が拡がった場合に働く張力あるいは界面張力と接触角の模式図
γ_S，γ_L，γ_{LS} は順に固体の表面張力，液体の表面張力，液-固の界面張力で，θ_{LS} は液体-固体の接触角である。

図４に示すように液滴が固体基板上で接触角 θ_{LS} を保ち，平衡の場合，次の Young の式(6)が成立する。

$$\gamma_{LS}=\gamma_S-\gamma_L\cos\theta_{LS} \qquad (6)$$

ここで，γ_{LS} は液-固界面張力，γ_S と γ_L はそれぞれ固体と液体の表面張力である。

液体による固体表面の接触をぬれと呼ぶが，ぬれの種類には図５に示す付着ぬれ，付着した液体が更に拡がって固体表面をぬらす拡張ぬれ，固体を液体中に浸漬する浸漬ぬれがある。付着ぬれと浸漬ぬれでは液-固界面が，一方，拡張ぬれでは気-液界面と液-固界面が新た形成されるので，それぞれのぬれに対する仕事，すなわち界面張力と単位面積との積は以下のように表される。

$$\text{付着仕事}=\gamma_{LS}-(\gamma_S+\gamma_L) \qquad (7)$$

$$\text{拡張仕事}=\gamma_{LS}+\gamma_L-\gamma_S \qquad (8)$$

$$\text{浸漬仕事}=\gamma_{LS}-\gamma_S \qquad (9)$$

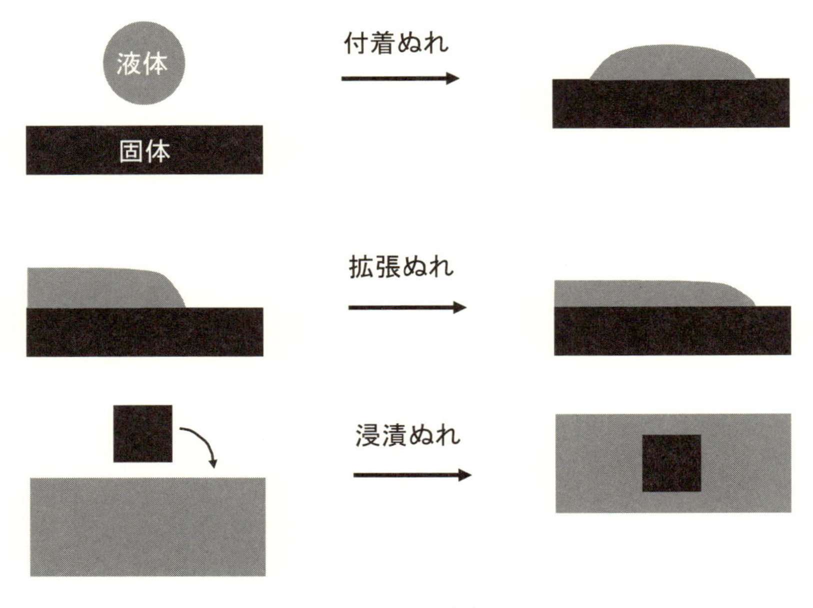

図５　ぬれの模式図

付着ぬれと浸漬ぬれは共に平衡になれば式(6)を用いて，付着仕事は $-\gamma_L(1+\cos\theta_{LS})$，浸漬仕事は $-\gamma_L\cos\theta_{LS}$ にそれぞれ書き換えられ，液体の表面張力と接触角で表されることが分かる。つまり，ぬれ現象が液体の表面張力と接触角の測定のみから理解できる。一方，拡張仕事は平衡現象ではないので，式(6)を用いることはできない。

高分子材料を溶融して懸滴法にて固体の表面張力を測定した例は幾つかあるが[7]，一般的に固体の表面張力の直接的な測定・評価はできない。そこで，Zisman は固体表面上で同族化合物液体の示す θ_{LS} を測定し，$\cos\theta_{LS}$ に対する表面張力のプロットを求め，$\cos\theta_{LS}=1$（固体表面を完全にぬらす）となる表面張力をその固体の臨界表面張力と定義した[8]。こうして得られる臨界表面張力は固体の表面張力と見なすことができ，簡便な手法なので広く利用されている。しかしながら，同族化合物液体の種類は限られているため，表面張力の範囲は狭くなることを念頭に入れておくべきある。

文　献

1) A. W. Adamson, Physical Chemistry of Surfaces, 4th Ed. John & Wiley Sons (1982)
2) J. H. deBoer, *Trans. Faraday Soc.*, **32**, 10 (1936)
3) F. London, *Trans. Faraday Soc.*, **33** 8 (1937)
4) F. M. Fowkes, *Industrial Eng. Chem.*, **56**, 40 (1964)
5) R. David, *Colloids surfaces A: Physicochem. Eng. Aspects*, **498**, 156 (2016)
6) T. Young, *Trans. Royal Soc. London*, **95**, 65 (1805)
7) B. B. Sauer & N. V. Dipaolo, *J. Colloid Interface Sci.*, **144**, 527 (1991)
8) W. A. Zisman, *Adv. Chem. Ser.*, No. 43, 1 (1964)

第2章　界面現象

ソフトな界面とハードな界面において共通で重要な界面現象として，吸着と単分子膜・薄膜形成がある。ここでは，薄膜に単分子膜を固体基板に累積する多分子層膜や固体基板に塗布する膜を含む。

1　吸着

吸着とは物質が何らかの相互作用，たとえば，van der Waals結合，水素結合，疎水結合，静電的な相互作用（イオン結合を含む），共有結合で界（表）面に付着することを指す。吸着する物質は吸着質，界（表）面は吸着媒と呼ぶ。共有結合以外の相互作用による付着は物理吸着，共有結合による付着は化学反応を伴うので化学吸着である。吸着現象を解析する際には，吸着の時間変化（吸着の動力学）や吸着現象が平衡に達した後の測定値と吸着質の平衡濃度の関係（吸着等温線）を明らかにすることが必要である。

1.1　吸着の動力学

一般に吸着速度，すなわち吸着量 A_{d} の吸着時間 t_{a} に対する変化は，速度定数 k を用いて式(1)で表される。

$$\frac{\mathrm{d}A_{\mathrm{d}}}{\mathrm{d}t_{\mathrm{a}}}=k(c_{\mathrm{b}}-c_{\mathrm{i}}) \tag{1}$$

ここで，c_{b} と c_{i} はそれぞれ溶液中と界（表）面近傍での吸着質濃度である。式(1)の右辺の括弧内が負の場合は，脱着の式となる。吸着の動力学は，速度定数が吸着質の拡散で支配される拡散律則と，撹拌などの対流で支配される動的律則に大別される。

1.1.1　拡散律則吸着

Ward と Tordai によると[1)]，吸・脱着を考慮して導出した関係式において脱着を無視した場合の A_{d} は式(2)で与えられる。

$$A_{\mathrm{d}}=2c_{\mathrm{b}}\left(\frac{Dt_{\mathrm{a}}}{\pi}\right)^{\frac{1}{2}} \tag{2}$$

ここで，D は吸着質の拡散係数，π は円周率である。たとえば，吸着によって c_b がほとんど変化しない場合，式(2)に従い A_d と t_a の平方根のプロットに直線関係が得られれば，吸着は拡散律則であることを示唆し，c_b における D が計算できる。

1.1.2　動的律則吸着

動的律則吸着における真の吸着速度は，吸着速度と脱着速度の差として式(3)で与えられる。

$$\frac{\mathrm{d}A_d}{\mathrm{d}t_a}=k_{ad}\,c_b\left(1-\frac{A_d}{A_{ds}}\right)-k_{des}\,c_i\left(\frac{A_d}{A_{ds}}\right) \tag{3}$$

ここで，k_{ad} と k_{des} はそれぞれ吸着と脱着の速度定数，A_{ds} は飽和吸着量，A_d/A_{ds} は吸着界（表）面の吸着質による被覆率である。

1.2　吸着等温線

充分な吸着時間を経て吸着は平衡に達し，吸着平衡における吸着質の示す物理量，たとえば吸着量，被覆率などと平衡に達した際の吸着質の濃度や圧力（気体の吸着）のプロットを吸着等温線という。代表的な Langmuir[2]，BET[3]，Freundlich[4]の吸着等温線を簡単に説明するが，Langmuir と BET の吸着等温線は共に理論式，一方，Freundlich の吸着等温線は多くの実験値から得られた経験式である。

1.2.1　Langmuir の吸着等温線

Langmuir の吸着等温線は，固体表面に吸着サイトは均一に存在，吸着した吸着質は並進運動せず，吸着質間の相互作用はないものと仮定して，固体表面への気体分子の単分子層吸着に対して導出したものである。しかしながら，Langmuir の吸着等温線は溶液からの液-液あるいは液-固界面への吸着挙動の解析にも広く用いられている。

$$\frac{1}{A_d}=\frac{1}{A_{ds}}+\frac{1}{K_l\,A_{ds}\,k_{le}} \tag{4}$$

ここで，K_l は定数，k_{le} は平衡に達した吸着質の圧力あるいは濃度である。また，計測される $1/A_d$ と $1/k_{le}$ のプロットの勾配と切片から K_l および A_{ds} がそれぞれ求められる。

1.2.2　BET の吸着等温線

BET の吸着等温線は，Brunauer，Emmett，および Teller が，4つの仮定，すなわち①吸着サイトは均一に存在し，各吸着層は気相との間に Langmuir の吸着が成立する。②吸着分子間の相互作用は無い。③無限層まで吸着は起こる。④二層目以上の分子の吸着熱は分子の凝縮熱に等しい，に基づき固体表面への気体分子の多分子層吸着に対して導出したものである。

$$\frac{p}{A_d(p_0-p)}=\frac{1}{K_{BET}A_{ds1}}+\frac{K_{BET}-1}{K_{BET}\,A_{ds1}}\left(\frac{p_e}{p_0}\right) \tag{5}$$

ここで，p，p_0，p_e は順に気体の圧力，気体の飽和蒸気圧，吸着平衡に達した気体の圧力，K_{BET} は定数，A_{ds1} は第1層目の飽和吸着量である。多くの気体の吸着実験において，式(5)は

相対圧 p_e/p_0 が 0.05 から 0.3 の範囲でよく一致することが分かっている。また，式(5)と窒素やアルゴンの無極性気体の吸着実験の比較から，固体表面の比表面積が A_{ds1} から計算できるので，固体粒子を用いる分野において BET の吸着等温線による解析が利用されている。ただし，多孔質の固体表面への気体の吸着実験結果に対する BET の吸着等温線の適用に際しては注意・工夫が必要である。

1. 2. 3　Freundlich の吸着等温線

Freundlich の吸着等温線は，多くの溶液からの吸着実験結果をまとめ，提案された経験的な式である。

$$A_d = K_f\, c_e^{m_f} \tag{6}$$

ここで，K_f と m_f は共に定数，c_e は溶質の平衡濃度である。

2　ソフトな界面での単分子膜

ソフトな界面における重要な界面現象の一つに単分子膜，すなわち分子一層からなる膜の形成がある。単分子膜は吸着膜あるいは展開膜からなる。

2. 1　吸着膜

界面活性を示す溶質が溶解している溶液中を拡散し，ソフトな界面に付着して吸着膜が形成されると，界（表）面の張力は低下する。したがって，吸着膜形成の動力学を理解するには，溶質の吸着に伴う界（表）面張力の吸着時間変化，すなわち動的界（表）面張力を上述した界（表）面張力の測定法で測定する必要がある。また，充分な吸着時間経過後の平衡界（表）面張力と平衡溶質濃度のプロットから，以下に述べる Gibbs の吸着式[5]を用いて，溶質の吸着量を求めることもできる。

2. 1. 1　動的界（表）面張力

一般に，界（表）面張力の時間変化が，図 1 に示すように吸着時間の経過に伴い①張力の変化がほとんど観察されない領域，②張力が急激に低下する領域，③平衡に近づく準平衡状態を経て，④平衡状態の 4 つの領域からなる動的挙動に対して，Hua と Rosen は表面張力に対して式(7)で表される経験的な式を提案している[6]。

$$\gamma_t - \gamma_m = \frac{\gamma_0 - \gamma_m}{1 + (t/t^*)^n} \tag{7}$$

ここで，γ_t は時間 t における表面張力，γ_m は準平衡状態での表面張力，γ_0 は溶媒の表面張力，t^* は $(\gamma_0 - \gamma_t)$ が $(\gamma_0 - \gamma_m)$ の 1/2 に達するまでの時間，n は定数である。さらに，Hua と Rosen は幾つかの非イオンあるいは陰イオン界面活性剤水溶液の動的表面張力の測定結果を式(7)と比

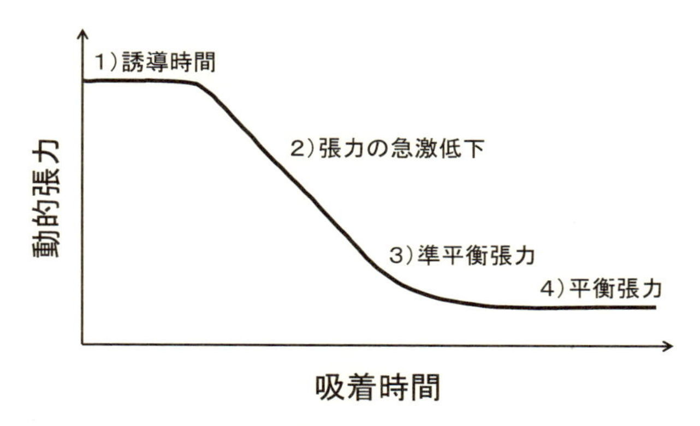

図1　動的張力の模式図

較検討している[6)]。

2. 1. 2　Gibbs の吸着式

Gibbs は，濃度 c の溶液表面への溶質の平衡吸着量 Γ を，平衡に達した溶液の表面張力 γ_e と c_e の関係を式(8)で表している。

$$\frac{\mathrm{d}\gamma_e}{\mathrm{d}c_e} = -\frac{\Gamma RT}{c_e} \tag{8}$$

ここで，Γ は表面過剰量ともいい，R は気体定数である。また，式(8)は式(9)に変換できる。

$$\Gamma = -\frac{1}{RT}\frac{\mathrm{d}\gamma_e}{\mathrm{d}\ln c_e} \tag{9}$$

式(9)は一定温度で測定される平衡に達した表面張力と，その溶液濃度の対数のプロットの勾配から，Γ が計算できることを示唆している。また，こうして計算される Γ を式(4)あるいは式(6)の A_d と同じと見なせば，γ_e と Γ を関係付ける式が得られる。

2. 2　展開膜

水表面に展開膜を形成するには、単分子膜となる物質を展開溶媒に溶解し，その溶液をマイクロシリンジなどで水表面に一様に展開し，展開溶媒が揮発あるいは水中に溶解するまでの充分な時間を待つ必要がある。単分子膜として展開できる物質は，一般的に水に対して不溶であること，その化学構造が両親媒性であることは欠かせない。展開膜は水槽に満たした水の表面に形成される。展開膜の形成に伴う水の表面張力を純粋な水の表面張力から差し引いた値で定義される表面圧の測定には，吊り板法を備えた装置を用いることが多い。水槽の水表面はバリアーと呼ばれる仕切り板で逐次あるいは連続的に圧縮し，展開膜の占める面積を減少させて，その表面濃度を増加させる圧縮法で展開膜の表面圧-面積（π-A）曲線が測定される。また，水槽の水表面の面積を固定して，そこに展開膜を形成する溶液を逐次展開する方法の逐次展開法も表面圧測定に採用されている。

低分子化合物では，直鎖炭化水素の炭素数が14を超えるn-アルキルカルボン酸は水に不溶性な単分子膜として展開できることが知られている[7,8]。一方，高分子化合物では，水に溶解するものでも展開膜を形成するが，その場合展開した高分子の一部は水相中に溶解するとの報告がある[8]。

2.2.1　低分子化合物の展開膜とその特長

n-アルキルカルボン酸の展開膜のπ-A曲線は，炭素数によって大きく変化する。図2はpHを2程度に保った水の表面に展開したn-ペンタデカン酸のπ-A曲線を示す。ここで水を酸性に保ったのは，n-ペンタデカン酸の水相への溶解を抑えるためである。面積の圧縮に伴い表面圧は増加し，展開膜の状態は気体膜，液体膨張膜，液体膨張膜と液体凝縮膜の共存領域，すなわち一次相転移を経て液体凝縮膜へと変化する。共存領域での表面圧はほぼ一定になるが，試料の純度が低い場合には，この共存領域の表面圧は面積の圧縮に伴い増加することと，その表面圧は高くなることが分かっている[9]。液体凝縮膜の表面圧を表面圧ゼロに直線外挿した面積は極限面積と呼び，炭素鎖が水表面に対して垂直に立った状態にあり，長鎖カルボン酸では分子あたり0.25 nm^2と得られている。また，炭素数が16以上のn-アルキルカルボン酸の場合，共存領域が無くなり，液体膨張膜を示す領域も消え，表面圧は極限面積の手前で面積の減少に伴い急激な上昇を示すことも分かっている。

2.2.2　高分子化合物の展開膜とその特長

高分子化合物の繰り返し単位の化学構造から，空気-水界面に展開膜として存在するか否かを判定するのは可能である。たとえば，繰り返し単位にエーテル，エステル，アミド，あるい

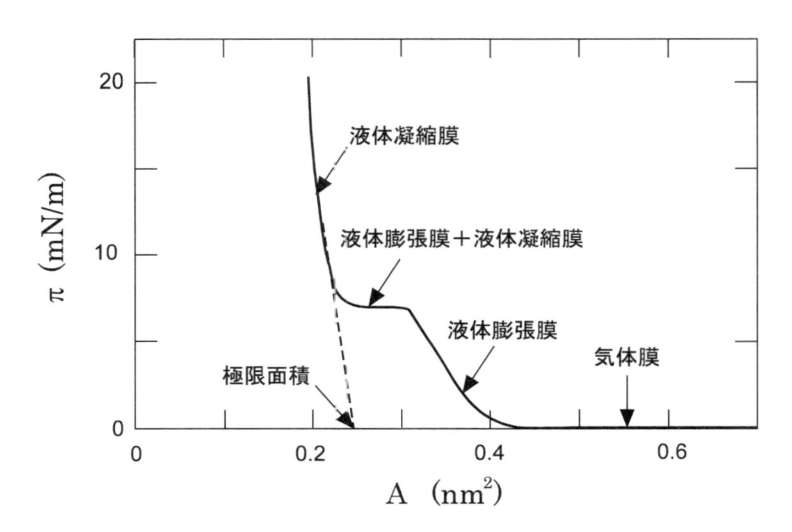

図2　pHを2程度に保った水の表面に展開したn-ペンタデカン酸の表面圧-面積（π-A）曲線

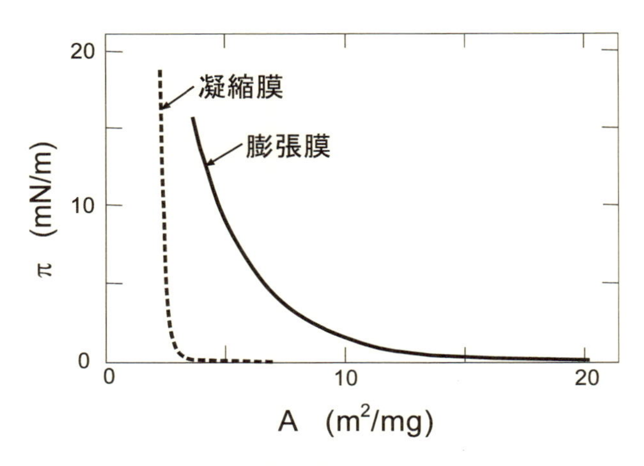

図3　空気-水界面に展開した高分子の膨張膜と凝縮膜の表面圧-面積（π-A）曲線の模式図

はイソシアナート結合を含む高分子は安定な展開膜（水相に一部溶解する場合もあるが，再現性の良い π-A 曲線を与える）を形成する場合が多い。特に，エステル結合を含む高分子については膨大な実験結果が得られている[10,11]。

高分子展開膜の示す典型的な膨張膜と凝縮膜の表面圧-面積曲線の模式図を図3に示す。一般に，吸着膜を形成するような水溶性高分子や比較的親水性の高い非水溶性高分子が膨張膜を，親水性のあまり高くない非水溶性高分子が凝縮膜をそれぞれ形成する。また，Fowkesは，膨張膜を形成する高分子鎖は水に良く馴染んでいるのでその一部は水相中に潜りこんでおり，一方，凝縮膜の高分子鎖は水表面に凝集して存在していると提案している[12]。

3　ハードな界面での薄膜形成

固体表面に薄膜を形成するためには，本章の2.2節で述べた空気-水界面に展開した単分子膜を，固体基板を展開膜に対して垂直に上下させて累積するLangmuir-Blodgett（LB）法[13,14]などで得られるLB膜と，スピンコーターを使い回転盤に取付けた固体基板表面にあらかじめ薄膜となる物質の溶液を適量滴下し，回転盤の回転，すなわち遠心力によって溶液を拡げて薄膜にする方法が用いられている。

3.1　LB膜

LB膜は分子を一層ずつ積み重ねて分子組織膜を構築できることから，高機能化で新規な分子材料としてエレクトロニクスをはじめ広い分野において注目され，1980年代初頭から世界的に膨大な数の研究実績が積み上げられた。

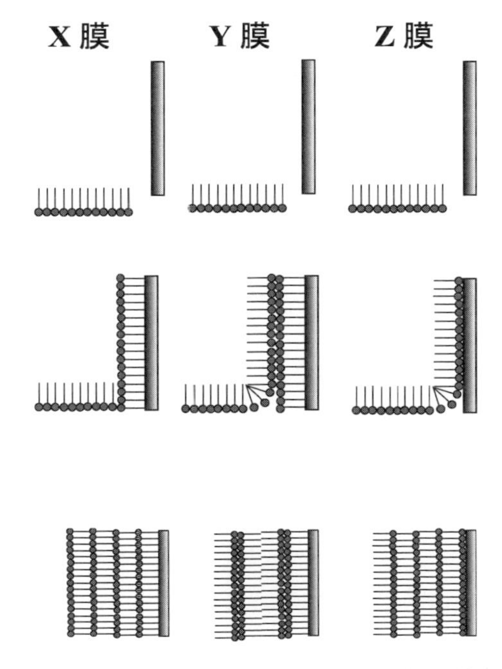

図４　空気-水界面に展開された低分子化合物（疎水基を実線で親水基を●印で記す）の３種類の累積膜の模式図

LB 膜を調製する装置は，一般に π-A 曲線測定装置に装備できるようになっており，LB 膜の調製方法には，前述した LB 法と展開膜を固体基板に対して水面の上方から水平に付着する方法がある。LB 法で LB 膜を累積するには，π-A 曲線の極限面積より狭い面積で，面積の圧縮に伴い急激に上昇する表面圧を選び，固体基盤の上下に伴い表面圧を一定に保つようにバリアーが圧縮される。

LB 法で調製される LB 膜には，低分子化合物の展開膜（疎水基を実線で親水基を●印で記す）を例に取り累積過程によって３種類の累積膜が基板に形成される様子を図４に示す。すなわち展開膜が基板の下降時のみに累積され，疎水基を基板に向けたＸ膜，基板の上昇時のみに累積され，親水基を基板に向けたＺ膜，基板の下降と上昇共に累積されるＹ膜である。したがって，固体基板の上下させる回数で累積数は決まり，すなわち膜厚の制御された薄膜が形成される。

3.2　スピンコーターによる薄膜形成

スピンコーターを用いて薄膜を形成する場合は，シリコン基板などの固体基板に使用するのが一般的である。固体基板に薄膜を形成するには，薄膜の材料を溶解する溶媒で基板がぬれる必要があるので，それを確認しておく必要がある。遠心力は基板の位置によって違うので基板表面に均一な薄膜を形成するのは容易ではないが、スピンコーターによる薄膜の厚さの制御は，回転盤の回転数，溶液濃度，溶液量でもって可能である。

文　献

1) A. F. H. Ward & L. Tordai, *J. Chem. Phys.*, **14**, 453 (1946)
2) I. Langmuir, *J. Am. Chem. Soc.*, **40**, 1361 (1918)
3) S. Brunauer, *et al.*, *J. Am. Chem. Soc.*, **60**, 309 (1938)
4) H. Freundlich, Colloid and Capillary Chemistry, Methuen (1926)
5) J. W. Gibbs, The Collected Works of J. W. Gibbs, Vol. I, p. 219, Longmans (1931)
6) X. Y. Hua & M. J. Rosen, *J. Colloid Interface Sci.*, **124**, 652 (1988)
7) N. K. Adam, *Proc. R. Soc. London, Ser. A*, **101**, 516 (1922)
8) G. L. Gaines, Jr., Insoluble monolayers at liquid-gas interfaces, Interscience (1966)
9) N. R. Pallas & B. A. Pethica, *Langmuir*, **1**, 509 (1985)
10) M. Kawaguchi, *Prog. Polym. Sci.*, **18**, 341 (1993)
11) M. Kawaguchi, Bottom-up Nanofabrication Vol. 5 Organized Films, American Sci. Pub., p.299 (2009)
12) F. M. Fowkes, *J. Phys. Chem.*, **68**, 3515 (1964)
13) K. Blodgett, *J. Amer. Chem. Soc.*, **56**, 495 (1934)
14) K. Blodgett, *J. Amer. Chem. Soc.*, **57**, 1007 (1935)

第3章　分散コロイドとは

直径 10^{-9} から 10^{-4} m の大きさのコロイド粒子（分散質）が，他の物質（分散媒）中に分散した状態，またはその物質をコロイドあるいはコロイド分散系という。コロイドをコロイド溶液と呼ぶこともあるが，分散質は分散媒に溶解しているわけではない。コロイドの中で，気体，液体，固体がそれぞれ液体中に溶解せずに分散した状態は，順に泡，エマルション，サスペンションで，泡は気-液界面，エマルションは液-液界面，サスペンションは液-固界面をそれぞれ有し，これらをまとめて分散コロイドと呼ぶ。分散コロイドの分散安定性は，添加される分散安定剤がそれぞれの界面に吸着し，界面エネルギーを低下することで制御されている。したがって，分散コロイドの分散安定性は，分散安定剤の吸着挙動，コロイド粒子の凝集構造，レオロジー特性などを明らかにすることから評価できる。

1　コロイドの中の分散コロイド

表1に物質の三態の組み合わせによって形成されるコロイドの種類を示す。分散媒が気体のエアロゾルには，分散質が液体の霧やスプレーと，分散質が固体の煙が事例としてある。一方，分散媒が固体の固体コロイドには，分散質が気体，液体，固体の順に，発泡体，ゲル，合金などが事例として挙げられる。エアロゾルと固体コロイドを除いたコロイドは分散コロイドに相当する。

表1　コロイドの種類

分散媒	分散質	名称
液体	気体	エアロゾル
固体	気体	エアロゾル
気体	液体	泡
液体	液体	エマルション
固体	液体	サスペンション
気体	固体	固体コロイド
液体	固体	固体コロイド
固体	固体	固体コロイド

2　分散コロイドはなぜ不安定性なのか？

分散コロイドの形成に伴う新たな界面の生成によって，第１章の3.2節で述べたように界面エネルギーが加わり，分散コロイドは熱力学的に不安定になる。このことについて，本章の3.1節でもう少し詳しい説明を加える。

3　分散コロイドに共通な界面現象

分散コロイドの種類に関係なく，それらの形成に伴う共通な界面現象として第１章の式(4)で定義される界面エネルギーの寄与とそのエネルギーの低下に関与する分散安定剤の吸着が挙げられる。分散安定剤には低分子の界面活性剤，界面活性を示す合成高分子，タンパク質を含む天然高分子，固体粒子，表面修飾した固体粒子，凝集構造を制御した固体粒子などが，調製される分散コロイドに応じて使用されている。

3.1　界面エネルギーの寄与

界面エネルギーについて第１章の式(4)を基に述べる。一般にコロイド分散系の形成では、反応熱を伴う場合は少ないため ΔH はゼロとみなされる。一方，分散コロイドの形成では，分散質は撹拌などによって微細化され，液体中に分散するので ΔS は正となり，$-T\Delta S$ の値は負となり系の安定化に寄与する。したがって，分散コロイドの形成に伴う ΔG は $-T\Delta S$ と界面エネルギーである $\gamma\Delta A$ の和とみなせるが，後者の絶対値は前者のそれに比べてかなり大きいので ΔG は正となる。これがコロイド分散系の形成における界面エネルギーの寄与であり，分散コロイドは熱力学的に不安定となることが分かる。この不安定化を抑制するには界面エネルギーを下げる，すなわち界面張力を低下するために，界面に吸着する分散安定剤を添加することが多い。また，分散安定剤には界面の崩壊を抑制する機能，粘性と弾性を併せ持つ粘弾性も必要となる。

3.2　分散安定剤の吸着

低分子と高分子などの分散安定剤は分散媒に溶解し，コロイド粒子表面に吸着する必要がある。これは溶液から分散安定剤の界面への吸着挙動であり，第２章１節に記述した項目に深く関連する。ここでは，多くの高分子が分散安定剤に用いられているので，高分子の吸着[1,2]に関する基礎的事項について述べる。

高分子とは，繰り返し単位が共有結合で連結され，その数が100個以上のものを指す。高分子の分子量は高いが，その分子量分布は必ずしも狭くない。また，繰り返し単位は多種・多様であり，１種類の繰り返し単位からなる高分子の単独重合体のみならず，２種類以上の繰り返し単位からなる高分子の共重合体も多く存在する。

3.2.1　高分子分散安定剤の吸着

高分子の吸着挙動は高分子を溶解する溶媒によって強く影響を受ける[1,2]。高分子溶液の熱力学によれば，高分子の溶媒は，高分子が良く溶けて高分子鎖間に反発力が働くために排除体積効果を示す良溶媒，理想的な状態で排除体積効果が見かけ上消えるΘ溶媒，高分子が溶けない貧溶媒に区別される。したがって，良溶媒に比べΘ溶媒のほうが排除体積効果の影響を受けず，高分子鎖同士の絡み合いは容易に起こり，高い吸着量が得られている。高分子吸着は，後から界面に到達する高分子鎖がサイズの小さいために優先的に吸着している溶媒と置き換わることで起こる。つまり，極性の高い溶媒を用いると，溶媒の吸着が高分子に比べて優先するばかりでなく，溶媒が界面に強く吸着して高分子との置き換わりを抑制するので，溶媒には無極性あるいは極性の低いものを選択すべきである。

高分子吸着を低分子の場合と比べると，その特長は以下の4つである。①低い濃度からの吸着では添加した高分子が全て吸着し，吸着等温線は平衡濃度に対して急激な立ち上がりを示す高親和力型等温線であること，②分子鎖のかたさやグラフトあるいはブロック共重合体のような繰り返し単位の配列や組合せのために，吸着形態が多種・多様であること，③高分子濃度およびその分子量の影響を受けること，④分子量分布を持っているために競争吸着を起こし，最終的には高分子量の高分子が優先吸着することである。

ここに挙げた特長を実験的に明らかにするための高分子吸着における代表的な測定値として，吸着量 A_d，高分子が界面に直接吸着した割合 p，高分子が界面を占める割合 θ，吸着した高分子層の厚さ d，吸着層内の高分子鎖の密度分布 $\phi(z)$，高分子吸着層間に働く力などがある。界面に吸着した1個の線状高分子のループ・トレイン・テール形態[1~4]と代表的な測定値の模式図を図1に示す。これら測定値を評価するために幾つかの測定手法が開発あるいは改良して利用され，多くの重要な成果が得られている[1,2]。

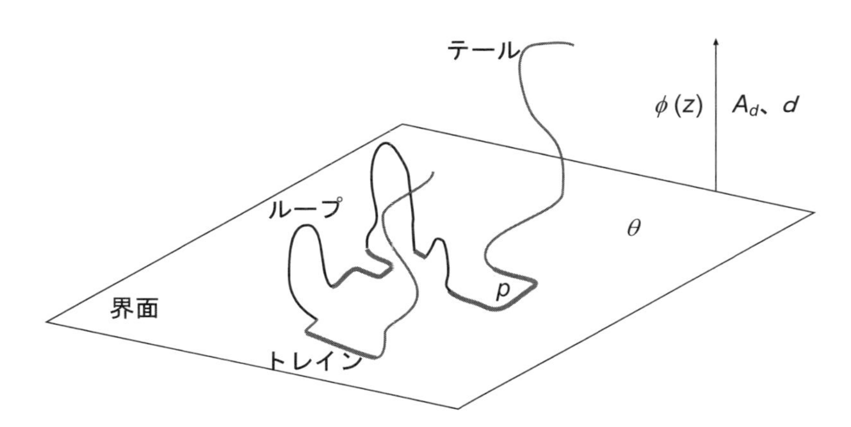

図1　界面に吸着した1個の線状高分子のループ・トレイン・テール形態と代表的な測定値の模式図

一方，高分子吸着の理論的研究も盛んに行われ，実験結果との比較が多く報告されている[1,2]。また，代表的な測定値と $\phi(z)$ には次のような関係式も成立している。

$$A_\mathrm{d}=\int_0^\infty \phi(z)\mathrm{d}z \tag{1}$$

$$p=\frac{\int_0^{t_1}\phi(z)\mathrm{d}z}{\int_0^\infty \phi(z)\mathrm{d}z} \tag{2}$$

$$d=\int_0^\infty z\phi(z)\mathrm{d}z \tag{3}$$

ここで，式(2)の分子の積分範囲である t_1 は吸着層の第一層（トレイン層）の厚さ，つまり繰り返し単位の分子サイズの大きさに相当している。これらの関係式から $\phi(z)$ を測定することが重要であることは分かるが，モデル物質以外の $\phi(z)$ の測定は全くなされていない。したがって，$\phi(z)$ の測定は高分子吸着における解決すべき研究課題の1つである。

3.3　分散コロイド粒子の分散安定性

ここでは，分散コロイドの泡，エマルション，サスペンションにおける分散安定性の概略について述べる（次章以降に，それぞれの分散コロイドの基礎と応用について詳細に述べるので，本節は次章以降の序に相当する）。

3.3.1　泡

泡を調製する溶液は起泡剤溶液と呼ばれる。泡の分散安定性には，起泡剤溶液の表面張力と気–液界面に吸着した起泡剤が泡膜の薄膜化から崩壊への変化を抑制する機能の高いことが重要であることを，図2に示す3つの気泡の集まった泡沫の模式図を用いて簡単に説明する。泡膜と気体との接触部分は，三角形状のプラトー境界と平らな部分に分けられる。

気体と泡膜の界面では，気体の圧力 P_G と泡膜の圧力 P_L の差であるラプラス圧が[5]，表面張力に対する泡膜の曲率半径 R_r の比の2倍と吊り合う次のヤング–ラプラスの式が成り立っている。

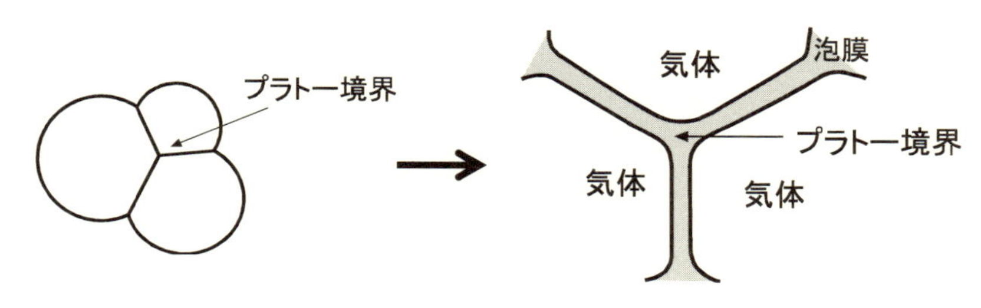

図2　3つの気泡の集まった泡沫（左図）とプラトー境界近傍を拡大した模式図

$$P_G - P_L = \frac{2\gamma}{R_r} \tag{4}$$

一般に，プラトー境界では式(4)の右辺が正のために気体の圧力が泡膜の圧力より高く，一方，平らな部分では式(4)の右辺がゼロのため前者と後者は等しい。したがって，平らな部分からプラトー境界に向けて起泡剤溶液の流動，すなわち排液が起こり，泡膜は薄くなり，泡は不安定化する。この泡膜の薄化現象を抑制するために，起泡剤に絡み合い効果の期待できる高分子，高い粘弾性を付与するために高分子と界面活性剤の混合物，固体粒子などが使用されている。

3.3.2　エマルション

エマルションは，分散媒（連続相）となる液体に乳化剤と呼ばれる分散安定剤をあらかじめ溶解し，分散媒と溶解しない液体の分散質（分散相）を微細な液滴状にして連続相に分散させ調製する。この作用を乳化と呼ぶ。乳化した相，すなわちエマルションは分散相と連続相の混合したものであることは明らかである。乳化剤は分散相と連続相の界面に吸着して乳化膜を形成し，この乳化膜の反発力などにより以下に述べるエマルションの不安定化が制御されるはずである。

エマルションの不安定化は図3に挙げる4つの機構で起こる。①クリーミングは分散質と分散媒の密度差によって起こり，前者の密度が後者の密度に比べ低い場合にはエマルションは浮遊し，逆の場合には沈降し，エマルションの相と連続相に分離する。②凝集とは，乳化膜の分散媒への溶解性が低いために乳化膜の引力によって微細化した液滴同士が集まり，集合体を形

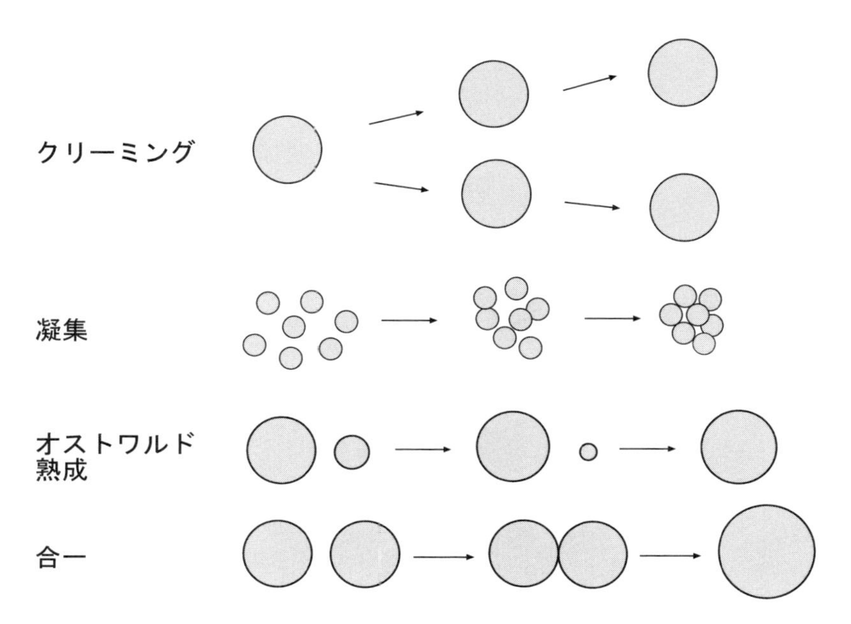

図3　4つの機構で起こるエマルションの不安定化の模式図

成することをいう。③オストワルド熟成とは，分散質が分散媒に溶解するために，小さなサイズの液滴を形成している分散質の一部が徐々に分散媒中に溶け出し，それが拡散して大きな液滴粒子に取り込まれ，液滴サイズが肥大化することを指す。最後に，④乳化膜の一部が崩壊して液滴同士が直接合体する現象を合一という。オストワルド熟成と合一は共に液滴径の増加を伴うことが分かる。そこで，これら不安定化の機構を抑制するには，乳化剤の選択が重要となる。一般に，低分子界面活性剤のみの乳化作用には限界があり，高分子，凝集構造を制御した固体粒子，表面にあらかじめ高分子などを吸着させた固体粒子などを乳化剤に用いると，エマルションの分散安定性は向上することが分かっている。

3.3.3　サスペンション

固体粒子が液中に分散したサスペンションは，液中の固体粒子同士の反発力がその引力に比べて大きければ凝集せず安定に単独で存在し，図4に示すようなゾルになる。一方，粒子濃度が高くなると，粒子間引力のために粒子同士が無限遠の数珠のように連なりゲルになる場合がある。

表面に電荷を有する固体粒子を中性塩などの電解質水溶液に分散した場合（ただし，電解質で表面電荷が遮蔽されも固体粒子は凝集しない状態），固体粒子表面は水溶液から吸着するイオンも加わることによって，粒子表面の電荷と反対符号の電解質イオン（対イオン）などが表面近くに拡散して集まり，拡散電気二重層が形成され，これが固体粒子間の反発力 V_R を生む。一方，固体粒子を構成する分子同士の van der Waals 力の総和が粒子間引力 V_A として働く。これら反発力と引力の和である粒子間ポテンシャルエネルギー V_T は，粒子の分散安定性を判定する目安となり，V_T の概略図を図5に示す。V_T の値には，粒子間距離 h の近い，すなわち粒子の凝集が起きエネルギー的に最も低く安定な第一極小値 V_{pm}，中間距離に極大値 $V_{T\,max}$，さらに遠く離れたところに第二極小値 V_{sm} が表れる。V_{sm} が出現するのは，V_A に比べて V_R が指数関数的に鋭く減衰するからである。したがって，粒子が高い分散安定性を保つには，V_{sm}

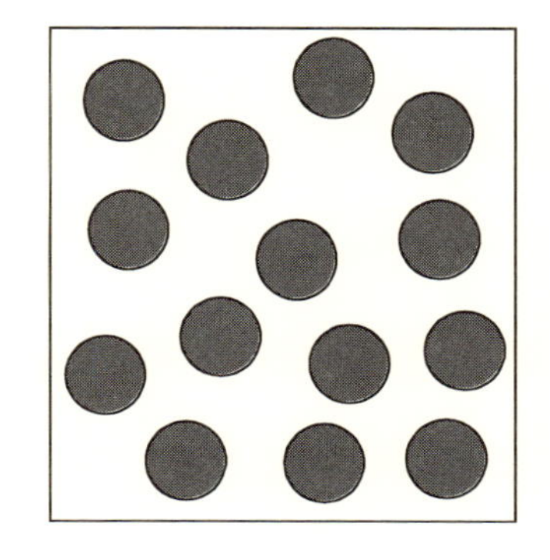

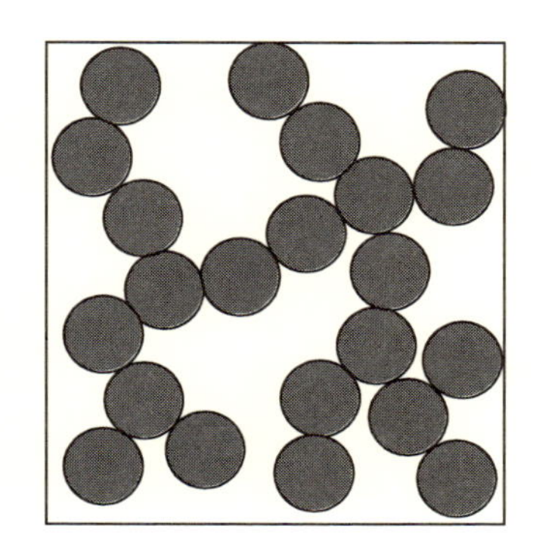

図4　サスペンションのゾル（左）とゲル（右）の模式図
●は固体粒子を示す。

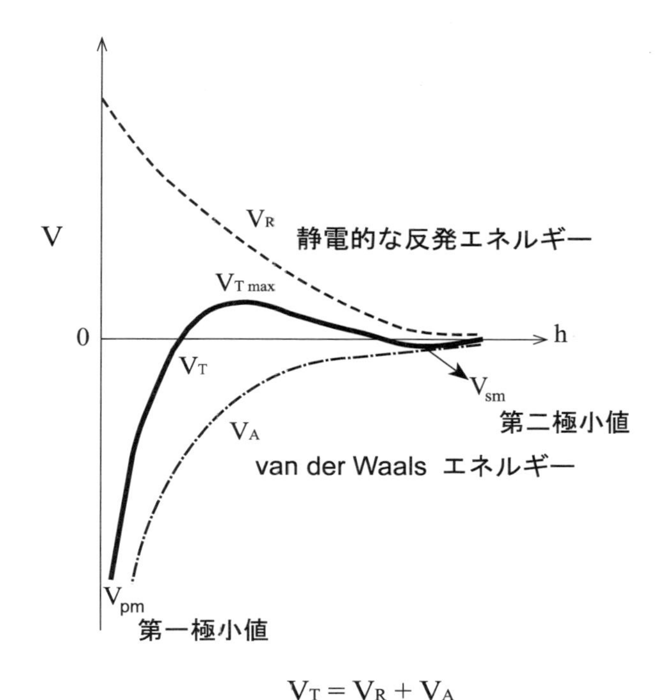

図５　V と粒子間距離 h の関係

と $V_{T\,max}$ との差が大きいことが必要となる。しかしながら，分散安定剤などを含まない分散媒に固体粒子を分散した場合には，V_{sm} と $V_{T\,max}$ の差を大きくすることには限界があるので，高分子に代表される安定分散剤を添加することによって新たな反発力の付与がなされている。

以上のことから分散コロイドの分散安定性の制御には，それぞれの分散コロイド粒子表面への分散剤の吸着は欠かせないことが分かる。本書では，分散コロイド粒子が疎水コロイドでない場合にでも，その粒子に分散水溶液の分散剤（親水コロイド）が吸着し，水中に分散安定化すれば，保護コロイド効果と呼ぶ。

3.4　分散コロイドのレオロジー

レオロジーとは，フックの法則を満たす純弾性固体やニュートンの法則に従う純粘性液体のような理想的な物体に限ることなく，日常的に接する物質または材料の応力による変形や流動を取り扱う学問である。したがって，分散コロイドもレオロジーの対象になり，そのレオロジー挙動は分散コロイドの分散安定性の評価に対して大切な手法の一つである。

一般に，分散コロイドのレオロジーは分散媒中に分散するコロイド粒子の体積分率 ϕ を関数として議論される。泡沫の場合を除き，ϕ の増加に伴いエマルションおよびサスペンションのレオロジー挙動は粘性から粘弾性へと変化する。泡沫の場合，ϕ が増加すること，すなわち気体成分が増すことは合一・破泡などの不安定化に繋がるので注意を要する。

分散コロイドのせん断応力τとせん断速度$\dot{\gamma}$のプロットである流動曲線は，次の5つに大別される。すなわち，①τと$\dot{\gamma}$が線形関係を示し，$\tau/\dot{\gamma}$で定義される粘度ηが一定のニュートン挙動，②τと$\dot{\gamma}$の関係が非線形で，$\tau/\dot{\gamma}$は見かけ粘度η_aと呼ばれ，η_aが$\dot{\gamma}$の増加に伴い増大するシアシックニング挙動，③τと$\dot{\gamma}$の関係が非線形で，η_aが$\dot{\gamma}$の増加に伴い低下するシアシニング挙動，④流動を初めて起こす応力である降伏応力を示し，その後のτと$\dot{\gamma}$の関係が線形を示す塑性流動（ビンガム流動），そして⑤降伏応力を示し，その後のτと$\dot{\gamma}$の関係が非線形を示す擬塑性流動である。一般に，分散コロイドの流動曲線はϕが低いと線形になり，ϕが高くなると非線形になる。また，非線形の流動曲線はコロイド粒子の形成する凝集構造などにも強く依存する。

一方，分散コロイドの粘弾性挙動もϕに依存し，ϕの増加に伴いその挙動は液体的粘弾性から固体的粘弾性へと変化する。これら2つの粘弾性挙動は，動的粘弾性測定から得られる貯蔵弾性率G'で損失弾性率G''を除した$\tan\delta$を基に，前者は$\tan\delta>1$の場合，後者は$\tan\delta<1$の場合にそれぞれ相当する。動的粘弾性測定では振動ひずみ，あるいは円周率と振動数の積の2倍で与えられる角周波数を変えてG'とG''を測定する。角周波数をたとえば，1 rad（ラジアン）s^{-1}に固定して振動ひずみを変化させG'とG''を測定し，G'とG''が共に振動ひずみに依存しない線形領域と依存する非線形領域をそれぞれ明らかにする。線形領域にあるG'とG''はそれぞれG'_0とG''_0と表し，G'とG''の角周波数依存性は線形領域の振動ひずみを固定して求める。また，非線形領域のG'とG''の振動ひずみ依存性からは，分散コロイド粒子の凝集構造のせん断による崩壊あるいは再構成なども明らかにできる。

文　献

1) G. J. Fleer, M. A. Cohen Stuart, J. M. H. M. Scheutjens, T. Cosgrove, B. Vincent, Polymers at Interfaces, Chapman & Hall (1993)
2) 川口正美，高分子の界面・コロイド科学，コロナ社（1999）
3) J. M. H. M. Scheutjens & G. J. Fleer, *J. Phys. Chem.*, **83**, 1619 (1979)
4) J. M. H. M. Scheutjens & G. J. Fleer, *J. Phys. Chem.*, **84**, 179 (1980)
5) P. S. de Laplace, *Mechanique Celeste*, Suppl. 10 th (1806)

第4章　泡

低分子界面活性剤や界面活性を示す高分子を溶解した溶液，あるいは固体粒子を液体中に分散したサスペンションなどの起泡剤溶液に気体を注入して，泡は調製される。ここでは，バルクすなわち三次元空間および擬二次元空間における泡について，基礎から実際的な応用までの事例を挙げながら述べる。

1　泡の基礎

泡の分散安定性は，気-液界面に吸着した起泡剤の種類によって大きく左右されることを第3章で述べた。泡は，気泡のサイズの違いによってミクロサイズの泡とマクロサイズの泡に大別される。ここでは，マクロサイズの泡，すなわち目視でそのサイズが確認できる泡の状態・種類，泡の分散安定性とその評価法，泡の不安定化に繋がる合一と消泡の現象について述べる。

1.1　泡の種類

起泡剤溶液に気体を注入して調製される泡は，図1に示すように起泡剤溶液中に存在する気泡と，起泡剤溶液の液面から上方に気泡の多く集まった泡沫に区別される。溶液中の気泡が壊れずに液中を浮上することなく安定に存在するためには，第3章の式(4)のヤング-ラプラスの式が成立していなければならない。

一方，図1から明らかなように泡沫の状態は，起泡剤溶液の液面近く（下方）に存在する泡沫と液面の上方に在る場合で異なる[1)]。つまり，下方の泡沫を形成している気泡の二次元的な形状は円形あるいは楕円形の丸みのある形であるが，上方の泡沫の場合は，丸みの少ない多角形の気泡の集まりからなる。また，下方の泡沫は濡れた泡沫，上方の泡沫は乾いた泡沫ともいう。一方，泡沫を形成している気泡を繋ぐ起泡剤溶液を含む泡膜の厚さは，上方のほうが下方に比べて薄い。この違いは，起泡剤溶液の排液のために生じる。

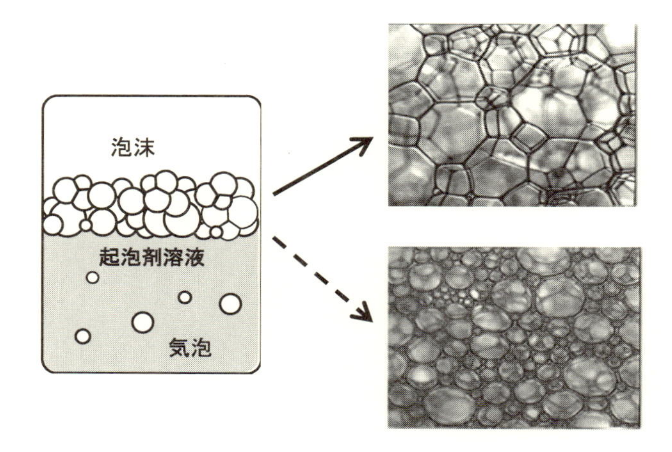

図1　起泡剤溶液で調製される泡の状態を示す模式図（左）と乾いた泡沫（右上）と濡れた泡沫（右下）の写真[1)]
写真はE. S. Basheva *et al., Langmuir,* 17, 969（2001）の図2の一部を引用

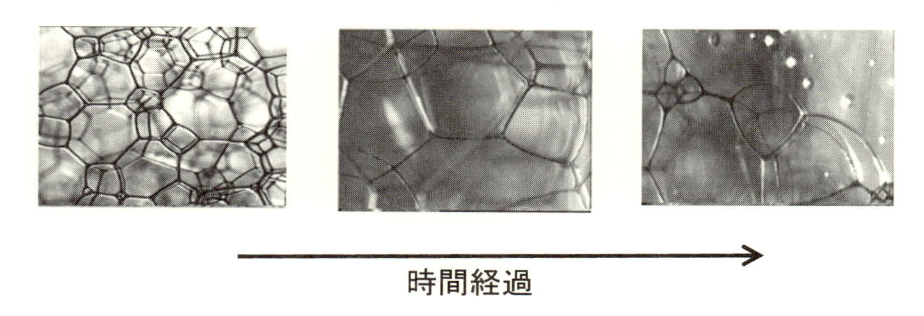

図2　泡沫の消泡状態の時間変化[1)]
E. S. Basheva *et al., Langmuir,* 17, 969（2001）の図2の一部を引用

1.2　泡の分散安定性

気泡と泡沫に関わらず，泡膜の中の起泡剤溶液の排液が進み，泡の分散安定性は低下する。つまり，小さなサイズの気泡のほうが第3章の式(4)右辺の値が高くなるので，大きなサイズのものに比べて破泡し易くなる。同じ理由から，泡沫を構成している小さなサイズの気泡が大きなサイズのものに取り込まれて合一し，この合一が進むと消泡に至る。

消泡とは，上述したように排液が進み泡沫が消えることと，起泡した泡沫に消泡剤を添加して消すことをいう。また，起泡剤にあらかじめ消泡剤を加えて起泡そのものを抑えることもする。消泡剤のシリコーンオイルを含む界面活性剤水溶液で調製した泡沫の消泡の様子を図2に示す[1)]。

2　気泡

液中に気泡を一定位置に保持することは，浮力の作用する実際的な空間では工夫を要する。たとえば，気体を注射器の針先などから液中に注入して調製される気泡を針先から離脱させずに保つには，第3章の式(4)のラプラス圧[2]を右辺より低く維持しなければならない。

一方，注射器の針先などから離れる気泡が液体中を浮上する様子を検討している事例は多い。その様子は気泡の浮上速度，形状，軌跡などが，気泡のサイズ，液体の表面張力，粘度，密度（気体の密度は無視）に関連付けられ，特に，三つの無次元数，すなわち浮力（液体と気体の密度差×気泡の体積×重力加速度）と表面力（液体の表面張力×気泡のサイズ長）の比で定義されるボンド数 $\rho d^2 g/\gamma$（ρ は液体の密度，d は気泡サイズ，g は重力加速度），泡の動きを考慮する場合には泡の慣性力とその表面力の比であるウェーバー数 $\rho U^2 d/\gamma$（U は気泡の浮上速度），慣性力と粘性力の比で表されるレイノルズ数 Ud/ν（ν は液体の動粘度）に対してまとめられている。図3に液中を浮上する気泡の形状とレイノルズ数およびボンド数の関係を示す[3]。図中の －12 から 8 の数字はモルトン数 $g\nu^4\rho^3/\gamma^3$ と呼ばれる無次元数である。

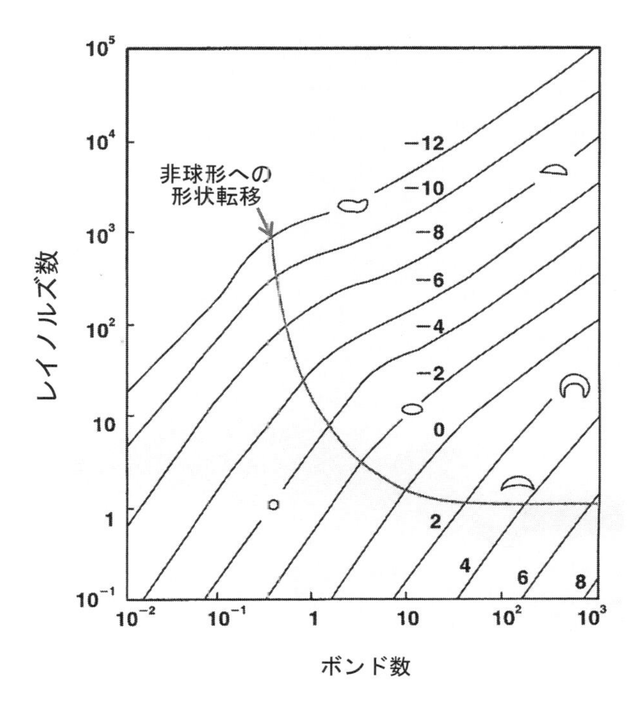

図3　液中を浮上する気泡の形状とレイノルズ数およびボンド数の関係
図中の数字はモルトン数[3]。
D. Lohse, “Bubble puzzles”, *Physics Today*, **56**, 36（2003）の図1を引用
Figure adapted from R. Clift, J. R. Grace, and M. E. Weber, Bubbles, Drops and Particles, Academic Press, New York（1978）

2.1　気泡の分散安定性とその評価法

注射器の針先などから気泡が離れる瞬間のラプラス圧[2]から第3章の式(4)を用いて液体の表面張力は求められ，この表面張力測定法は最大泡圧法と呼ばれている。

一方，注射器の針先の気泡を液体中で離脱しないように保ち，気泡内の圧力を調節することによって気泡面積Aの変化量ΔAを正弦関数で変化させると，時間tにおけるひずみ$\varepsilon(t)=\Delta A(t)/A$は式(1)で与えられる。

$$\varepsilon(t) = \varepsilon_0 \exp(i\omega t) \tag{1}$$

ここで，ε_0はひずみの振幅，ωは角周波数である。一方，式(1)を用いて，ヤング-ラプラスの式（第3章の式(4)）より表面張力の変化量$\Delta\gamma$，すなわちtにおける表面圧$\pi(t)$は式(2)のようになる。

$$\pi(t) = \pi_0 \exp(i\omega t + \Phi) \tag{2}$$

ここで，π_0は表面圧の振幅，Φは位相差である。さらに，式(3)を用いて複素数の面積弾性率E^*が求められる。

$$E^* = \frac{\Delta\gamma}{\Delta A/A} = \frac{\mathrm{d}\pi}{\mathrm{d}\varepsilon} = \frac{-\mathrm{d}\gamma}{\mathrm{d}\varepsilon} = E'(\omega)+iE''(\omega), \qquad |E^*|=\sqrt{E'^2+E''^2} \tag{3}$$

ここで，E'は面積貯蔵弾性率，E''は面積損失弾性率 とそれぞれ呼ぶ。面積弾性率は泡膜の粘弾性を反映しているので，気泡の分散安定性を評価する場合の重要な物性値となる。

一方，空気-水界面に展開した単分子膜あるいは単粒子膜の示す粘弾性として，膜表面積を正弦関数で変化して得られる表面圧の変化量を用いて式(3)から計算される，表面面積弾性率は薄膜の界面レオロジーとして注目されている[4]。

2.1.1　気泡の粘弾性

面積弾性率は市販の装置などで測定でき，図4に代表的な装置の一つであるTracker社の液滴張力計の概要を示す。この装置を用いると，気泡のサイズ，つまり気泡面積のひずみを100 mHz以下の振動数の正弦関数で，数十%まで変化できる。次に，この装置を用いて測定した2，3の事例を以下に示す。

高分子水溶液から調製される気泡は，泡膜中での高分子鎖同士の絡み合い効果から高い粘弾性を示すことが期待される。セルロースの水酸基の一部をメチル基とヒドロキシプロピル基でエーテル置換したヒドロキシプロピルメチルセルロース（HPMC）水溶液は界面活性を示す。さらに高い界面活性を付与するために，このHPMCの水酸基の一部を疎水性の高いステアリルオキシヒドロキシプロポキシル基でわずかに修飾したHPMC-Sが合成されている[5]。HPMC-S水溶液（濃度は0.013 g/100 ml，測定温度＝25.0 ℃，$A=20\ \mathrm{mm}^2$，$\varepsilon=0.1$，振動数＝100 mHz）の気泡面積と表面張力の吸着時間に対する変化を図5に示す。HPMC-S水溶液の

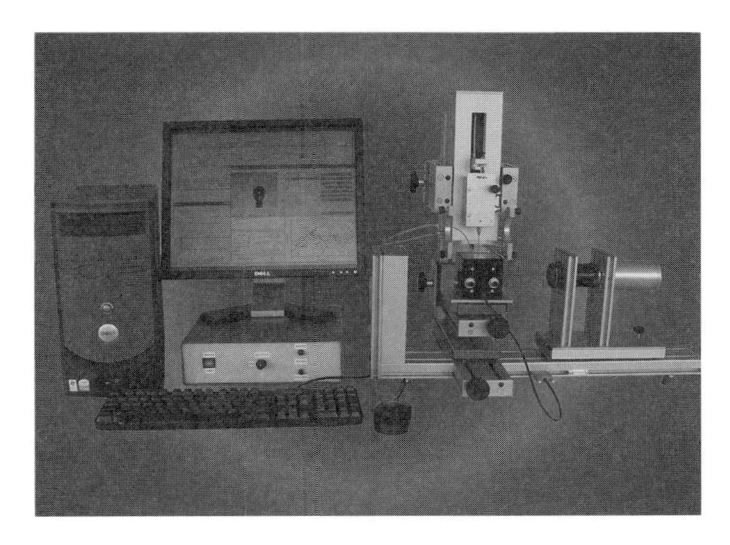

図4　Tracker 社の液滴張力計の概要
HP から転用

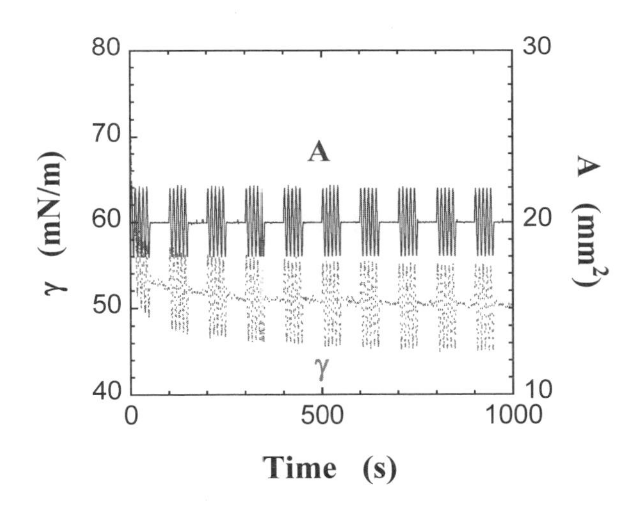

図5　HPMC-S 水溶液の表面張力（γ，破線）と気泡面積（*A*，実線）の吸着時間に対する変化

表面張力は1000秒でほぼ平衡値に達することが分かる。

一方，式(3)から計算される同じ HPMC-S 水溶液と空気界面の E^*，E'，E'' の吸着時間変化を図6に示す。空気-HPMC-S 水溶液界面への HPMC-S の吸着に伴い E' は増加，E'' は減少し、それぞれ定常値にほぼ達することが分かる。つまり，HPMC-S の吸着に伴い気泡の示す粘弾性は，より固体的になることを示唆している。また，疎水化によって定常値の E' は HPMC 水溶液の場合に比べて1割程高くなっている。これは，わずかな疎水基の導入によっ

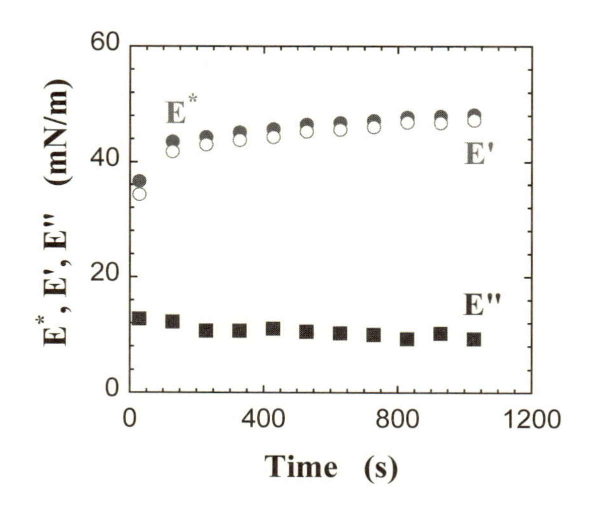

図6　HPMC-S水溶液のE^*，E'，E''の吸着時間に対する変化

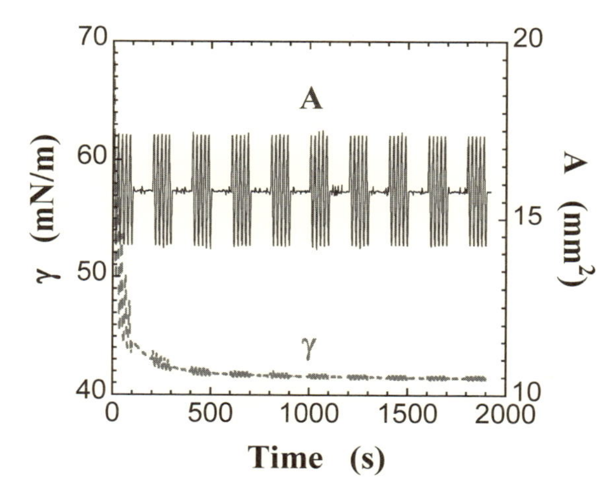

図7　PNIPAM水溶液の表面張力（γ，破線）と気泡面積（A，実線）の吸着時間に対する変化

て高分子鎖の拡がりが抑制され，高分子鎖の重なり合い始める濃度C^*が疎水化する前に比べて倍程度高くなり，HPMC-S鎖がHPMC鎖に比べて水中で密に収縮した構造を形成するためである。

HPMC-S水溶液のように界面活性のあるポリ*N*-イソプロピルアクリルアミド（PNIPAM）水溶液（濃度は0.001 g/100 ml，測定温度=25.6 ℃，$A = 15.81\ \mathrm{mm}^2$，$\varepsilon = 0.1$，振動数=50 mHz）の気泡面積と表面張力の時間変化を図7に示す。この表面張力の吸着時間変化は，Wilhelmy法を用いて測定したほぼ同じ濃度のPNIPAM水溶液の示す表面張力の時間変化[6)]と良く一致している。

一方，PNIPAM 水溶液と空気界面の面積弾性率の定常値が 1 mN/m の小さな値として得られたのは，高分子濃度が低いために泡膜中の PNIPAM 鎖同士の絡み合いが起こり難いことと，PNIPAM 鎖自体が HPMC 鎖などに比べて柔らかいことによる。また，高分子鎖の柔軟性が分散コロイドの分散安定性に及ぼす影響については，第 5 章の 3 節の高分子による乳化の事例においても述べる。

3 泡沫

第 3 章の 3 節で解説したように，泡沫の排液を制御することが泡沫の分散安定性の向上に繋がる。つまり，泡膜の崩壊を防ぐ工夫をすれば泡沫の分散安定性は高くなる。したがって，泡沫を分散安定化するには，①起泡剤溶液の粘度を増加し排液を抑えるために増粘剤を使用すること，②プラトー境界でラプラス圧を生む表面張力を低下させるための新たな起泡剤を開発すること，③泡膜の崩壊を抑制するために弾性力や機械的強度を付与できる起泡剤として，固体粒子，界面活性剤と固体粒子の複合体，高分子などを使用すること，④泡膜が薄くなっても大きな斥力，たとえば拡散電気二重層による静電的反発力を生む起泡剤として，イオン性の界面活性剤や高分子電解質を使用することなどが考えられる。ここに挙げた 4 つの項目を単独ではなく，複合的に利用することが泡沫の更なる分散安定化に結びつくことは明らかである。

3.1 泡沫の分散安定性の評価法

泡沫の分散安定性を評価するために広く使用されている方法にロスマイルス法がある。図 8 にロスマイルス法の試験装置の概略図を示す。内径 5 cm の泡沫塔は一定温度（25 ℃）に保つため温度制御した水を循環するジャケットで覆われている。実際の評価では，起泡剤溶液 200 mL を 90 cm の高さから同じ起泡剤溶液 50 mL の中へ 30 秒で落下させ，泡沫管中に起泡される泡沫の高さの時間変化を観察している。JIS 規格によれば，流下直後の泡沫の高さは起泡力（泡立ち易さ）に，5 分後の泡沫の高さは泡沫の分散安定性にそれぞれ相当する。また，泡沫の高さの時間変化のみならず，泡沫を形成する気泡のサイズやその分布の時間変化も加味して，泡沫の状態を評価することもある。

一方，ロスマイルス法を簡便化した改良ロスマイルス法では，あらかじめ 50 mL の起泡剤溶液の入った内径 6.5 cm のメスシリンダーの中に 500 mL の起泡剤溶液を液面上 45 cm から落下させ，調製される泡沫の体積を測定している。その他に，手動あるいは自動で決まった回数だけ起泡剤溶液の入った容器を振蕩して泡沫を調製したり，起泡剤溶液に窒素ガスを定圧で一定時間注入して泡沫を調製したりして，泡沫の状態の時間変化からその分散安定性を評価している。また，変形あるいは流動を生む応力に対して泡沫の状態を変化することなく維持できれば，泡沫のレオロジーもその分散安定性の評価法の一つとなる。

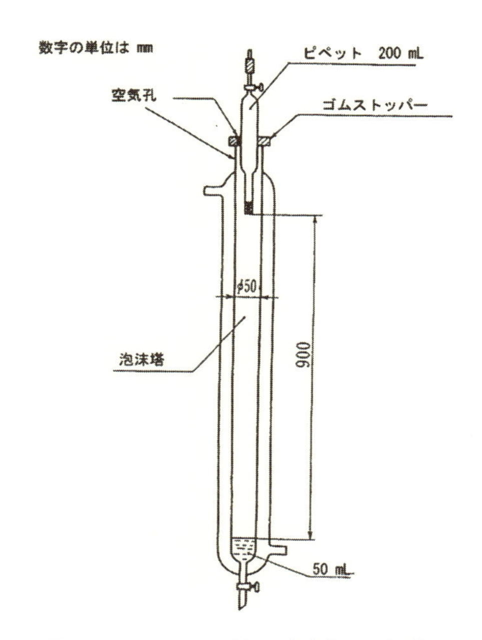

図8　ロスマイルス法の試験装置の概略図

3. 1. 1　ロスマイルス法による起泡力と分散安定性の評価の事例

泡の分散安定化向上の試みの中で注目されている1つに，上述したように従来の起泡剤に代わる新しい起泡剤の創出がある。天然由来の植物性グリセロールの脱水重合から得られるポリグリセロールとラウリン酸，あるいはラウリン酸クロライドの反応によって得られるポリグリセロールモノラウレート（nGML）の表面張力低下能は，表1から明らかなように標準的な界面活性剤であるポリオキシエチレンラウリルエーテル（$C_{12}EO_n$）に比べて優れている[7)]。すなわち，グリセロールの重合度nが2から5の4種類のnGML水溶液の臨界ミセル濃度（cmc）における表面張力γ_{cmc}は，重合度の増加と共に増加する。この重合度依存性は，$C_{12}EO_n$の場合と同じであるが，nGML水溶液のγ_{cmc}は$C_{12}EO_n$の場合に比べて低い。一方，nGML水溶液のcmcの値が$C_{12}EO_n$の場合に比べて高いのは，グリセロールが多価アルコールのために親水性が高いからである。

ロスマイルス法から求めたnGMLと$C_{12}EO_n$水溶液のcmcにおける起泡力および分散安定性と，それぞれの界面活性剤の親水性単位（前者はグリセロール，後者はオキシエチレンがそれぞれ相当する）の数nに対するプロットを図9に示す。nGML水溶液の起泡力および泡沫の分散安定性は，$C_{12}EO_n$水溶液の場合に比べて共に高いことが分かる。これは，前者の表面張力が後者に比べて低いことと，前者の界面への吸着量Γ_{max}が後者に比べて高いので泡膜の粘弾性が増加することによって，合一・消泡し難くなるためである。

水溶性のセルロース誘導体のセルロースエーテル水溶液は，その置換基の種類や置換度の違

表1 ポリグリセロールモノラウレート（nGML）とポリオキシエチレンラウリルエーテル（$C_{12}EO_n$）水溶液の界面物性

界面活性剤	化学構造	分子量	CMC (mmol/L)	γ_{cmc} (mN/m)	Γ_{max} ($\times 10^{-10}$ mol/cm^2)
2GML	$CH_3(CH_2)_{10}COO(CH_2CH(OH)CH_2)_2OH$	348	0.105	27.7	6.8
3GML	$CH_3(CH_2)_{10}COO(CH_2CH(OH)CH_2)_3OH$	422	0.187	31.4	4.4
4GML	$CH_3(CH_2)_{10}COO(CH_2CH(OH)CH_2)_4OH$	496	0.238	35.2	4.2
5GML	$CH_3(CH_2)_{10}COO(CH_2CH(OH)CH_2)_5OH$	570	0.295	39.6	4.0
$C12EO_4$	$CH_3(CH_2)_{10}CH_2(OCH_2CH_2)_4OH$	362	0.065	35.2	3.6
$C12EO_6$	$CH_3(CH_2)_{10}CH_2(OCH_2CH_2)_6OH$	450	0.087	38.5	3.1
$C12EO_8$	$CH_3(CH_2)_{10}CH_2(OCH_2CH_2)_8OH$	538	0.107	41.0	2.5

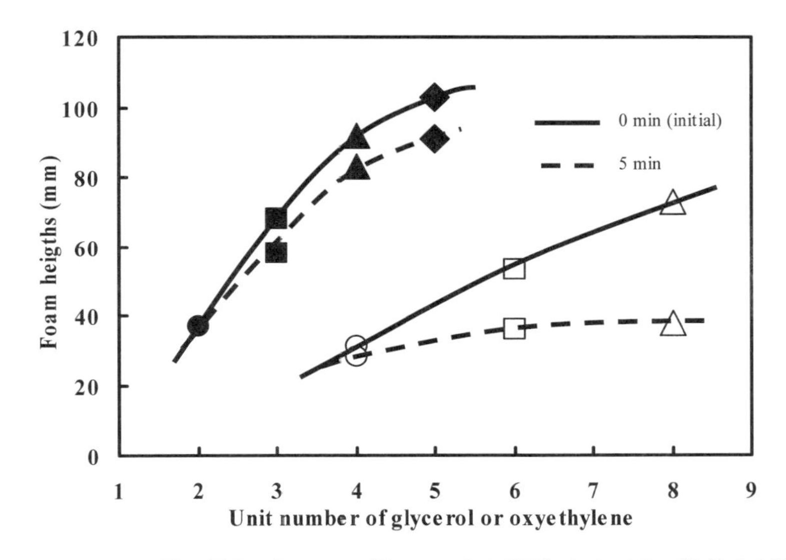

図9 ロスマイルス法で測定したnGML（塗りつぶしの記号）と$C_{12}EO_n$（白抜きの記号）水溶液の起泡力（実線）あるいは泡沫の分散安定性（破線）と親水基の数の関係

いによって界面活性，保護コロイド性，増粘性などの様々な機能を発揮する。そこで，山本らは，食品添加物として使用されている置換度の異なる2種類のHPMCとメチルセルロース（MC）水溶液の起泡力や泡沫の分散安定性などを，それぞれの水溶液粘度をほぼ一定に保ち簡易ロスマイルス法を用いて評価し，それら水溶液の表面張力や面積弾性率に関連付けている[8]。

図10に置換度の低いHPMC水溶液から調製した泡沫の時間変化を示す。この泡沫高さの減少割合を泡沫の分散安定性と見なせば，減少割合が低いほど泡沫の分散安定性は高くなる[8]。こうして評価した泡沫の分散安定性と起泡力は，共に置換度の高いHPMC，置換度の低いHPMC，MCの順に高くなり，水溶液の表面張力の上昇する順序も同じである。つまり，泡沫を構成している気泡のサイズは表面張力で制御されるので，表面張力の高いほど大きな気泡からなる泡沫が形成され，消泡がし難くなる。また，泡膜の粘弾性を支配する表面弾性率が置換

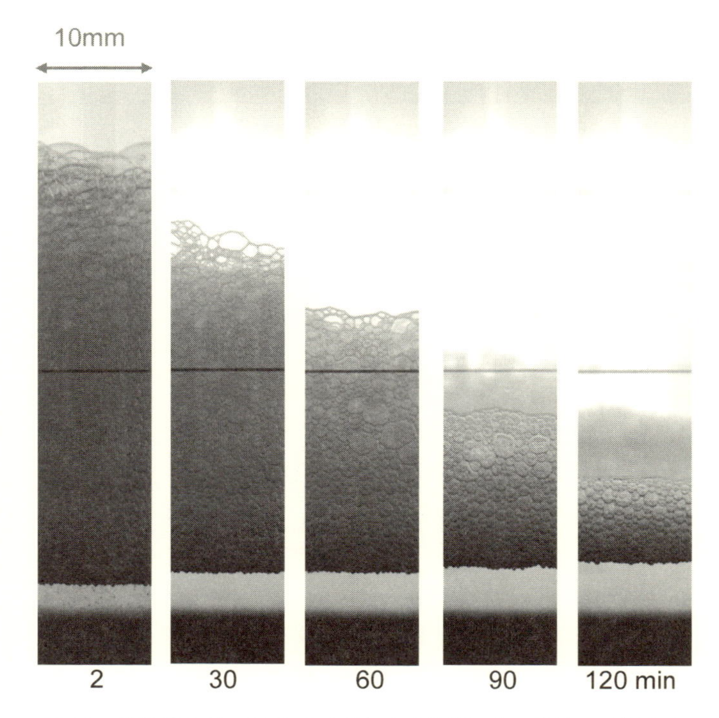

図10　置換度の低いHPMC水溶液から調製された泡沫の時間変化

度の高いHPMC，置換度の低いHPMC，MCの順に増加することが分かっており，表面弾性率は泡沫の分散安定性にも相関している。

3.1.2　泡沫のレオロジー

泡沫のレオロジー挙動を理論的に解析するモデルでは，応力が印加されて泡沫が変形しても，泡沫を構成している気泡の合一は全く起こらず，気泡の形状変化とその再配列のみが起こる。一方，実際の泡沫のレオロジーの測定時には，応力あるいはひずみを加えることによって泡沫を形成している気泡の一部に合一・消泡が観察されるので，そのレオロジー挙動の計測と解析・理解は難しいことが多い。したがって，実際に泡沫のレオロジーを検討する際には，応力あるいはひずみが印加されても分散安定性の低下し難い泡沫を用いる必要がある。

高分子を含む起泡剤を用いると，泡沫の分散安定性の向上に期待できることはすでに述べたが，市販のGilletteのシェービングクリーム[9]や界面活性剤に水溶性高分子を添加した起泡剤水溶液から調製した泡沫[10, 11]などがレオロジー測定に用いられている。

Gilletteのシェービングクリーム（ϕは0.926±0.04，平均気泡サイズは12 μm）の場合，泡沫を形成している気泡の合一が放置時間と共に少なからず進む（たとえば，8時間放置後のϕは0.936±0.04，平均気泡サイズは50 μm）。しかしながら，このシェービングクリームに対して，二重円筒の治具を備えた応力制御のレオメータを用いて，0.1あるいは1 Paの応力をそれぞれ振動させた場合の G' と G'' の周波数依存性と定常流測定の放置時間依存性が検討されている。8時間までの放置時間に伴い，G'，G''，τ はそれぞれ低下しているが，放置時間に関係なく，G' の周波数依存性は弱く，その値は G'' に比べて一桁以上高いことと，定常値に達した流動曲線に降伏応力の存在を示すことは，シェービングクリームの泡膜が固体的粘弾性体であることを示唆している。さらに，放置時間に関係なく G' と G'' の周波数依存性が，それぞれ1本のマスターカーブに重ね合わせられることを明らかにしている。以上のことから，シェービングクリームは弾性体の中に柔らかい領域が均一に分散している物質のモデルの1つであると結論されている。

一方，界面活性剤に高分子を添加した起泡剤水溶液から調製した泡沫（ϕ は約0.9以上）は，高分子が分散媒に存在するために高い粘性が付与され、気泡の会合はほとんど観察されずかなり安定なものであることが分かっている[10, 11]。Khanらは，界面活性剤とその補助剤のアルコールにポリエチレンオキサイド（PEO）を添加した起泡剤水溶液から調製した泡沫のレオロジーを検討している[10]。彼らはひずみ制御のレオメータの平行平面板治具に入った泡沫の逸脱を防ぐために，2枚の平行平面板にサンドペーパーを貼り，泡沫の ϕ を0.92から0.97に変えて定常流粘性率測定と動的粘弾性測定を検討している。得られた泡沫の η_a は ϕ に関係なく，せん断速度の－1乗で低下している。これは降伏応力の存在を示唆するもので，その降伏応力は ϕ の増加と共に増大している。一方，動的粘弾性測定から，泡沫は固体的粘弾性体であることが示唆されている。すなわち，G'_0 は G''_0 に比べて5倍程大きく，G' と G'' の周波数依存性は共に弱い。一方，ϕ の増加に伴いそれぞれの弾性率はわずかに増加するが，$\tan\delta$ はほぼ一定である。

Herzhaftは，界面活性剤にザンサンとカルボキシメチルセルロース（CMC）の混合物，あるいはザンサンを添加したそれぞれの起泡剤水溶液から調製した泡沫の τ の過渡現象と定常状態について，二重円筒あるいは平行平面板治具を備えたひずみ制御のレオメータを用い，平面板の凹凸の有無あるいは泡沫の構造を壊すためのせん断流動による前処理の及ぼす影響について検討している[11]。平面板に凹凸を施すことによって治具からの泡沫の逸脱は妨げられ，平行平面板間のギャップの幅に関係なく，τ はほぼ一定で，添加した高分子の種類に関係なく，流動曲線は降伏応力の存在を示唆する次のHershel-Bulkleyの式でうまくフィティングできた。

$$\tau = \tau_0 + K_{HB}\dot{\gamma}^n \tag{4}$$

ここで，τ_0 は降伏応力，K_{HB} は定数，n は応力指数である。式(4)から得られる降伏応力は添加した高分子に関係なく8 Paであったが，応力指数はザンサンのみを添加したほうが大きくなっている。これは，ザンサンとCMCの混合物を添加し調製した泡沫の示す降伏応力以上での流動特性（式(4)の右辺第2項）は，ザンサンのみの場合に比べてシアシニングが強いことを示唆している。

一方，泡沫をせん断流動で前処理すると，τの値は30％程度低下するが，その流動曲線は式(4)を満たす。前処理によって，式(4)とのフィティングから得られる降伏応力は低下するが，K_{HB}とnは共にほとんど変化しないことも分かっている。つまり，前処理は泡沫の配列状態を変化させるが，気泡の合一・消泡による崩壊を伴う泡沫の不安定化を引き起こしていないことを示唆している。

4　ヘレショウセルの泡の挙動

擬似二次元空間のモデル実験に広く用いられているヘレショウセルは，Hele-Shawによって19世紀の末に提案されたものである[12)]。それから50年後に，ヘレショウセルを横に寝かした状態で使用すれば，重力の影響はほとんどないので流体力学の分野にて注目を浴び，実験的および理論的研究が多く報告されるようになった[13)]。特に，あらかじめセルを満たした高粘性流体に低粘性流体を注入し，低粘性流体で高粘性流体が置換されるヴィスコスフィンガリングと呼ばれるパターン現象が，物理学，化学，機械工学，応用数学の研究者によって注目されている[14)]。さらに，ヴィスコスフィンガリングは油井に残存した原油の採掘を効率良く行うためや，高粘性流体から気泡や泡沫を除去するためのモデル実験として利用されたり，数学および応用数学におけるステファン問題の解析にも深く関わったりしている。

一方，ヘレショウセルを倒立し，セルを満たした水や水溶液に，セルの下方から気泡を注入したり，一定量の気体を所定の注入速度で吹き込んだりすると，液中を浮力で上昇する気泡の挙動やセル中に形成される泡沫の状態がそれぞれ検討できる。ヘレショウセルを用いる利点は，三次元の場合に比べて画像処理等が比較的容易なことと，泡沫の状態をかなり長く安定に保てるためにその状態変化の時間依存性がより正確・詳細に把握できることである。

4.1　気泡の挙動

図11に示すようなヘレショウセルを用いて，セル中を満たした水や高分子水溶液の中を浮上する気泡の挙動について，気泡のサイズを変えて，それらの浮上速度，軌跡，形状変化，周囲長，上昇に伴いその後方に現れる伴流の観察などから気泡の浮上する際の浮上不安定性が検討されている。浮上不安定性とは，気泡の上昇に伴い計測される物理量が，振動を繰り返すなどして定常状態に達しないことを指している。また，セル中の水を浮上する気泡が，セルの上方でセルを満たした水と空気の接する界面，すなわち自由表面に到達する前後の様子も観察されている。これは，気泡が破泡あるいは消泡する際の気泡の合一挙動を理解するのに役立つはずである。

4.1.1　液中を浮上する気泡の軌跡，形状，伴流に対する気泡サイズの影響

サイズの異なる気泡が，図11のセルの水中を浮上する際の形状変化と伴流の様子をボンド

数と共に図12に示す[15]。伴流の観察には，水の物性を変化させないわずかな色素が添加されている。図から明らかなようにボンド数，すなわち気泡のサイズの増加に伴い，その形状は楕円，ソラマメ，羽ばたき，クラゲ型へと変化する。気泡の周囲長の変化はその形状に依存し，楕円型の気泡を除き周囲長は定常的に振動し，その振幅はソラマメ，クラゲ，羽ばたき型の気泡の順に増加するが，その振動数は気泡の形状に関係なくほぼ一定であった。伴流観察から，楕円とソラマメ型の気泡の伴流は振動し，一方，羽ばたきとクラゲ型の気泡の伴流は振動しないことが分かる。

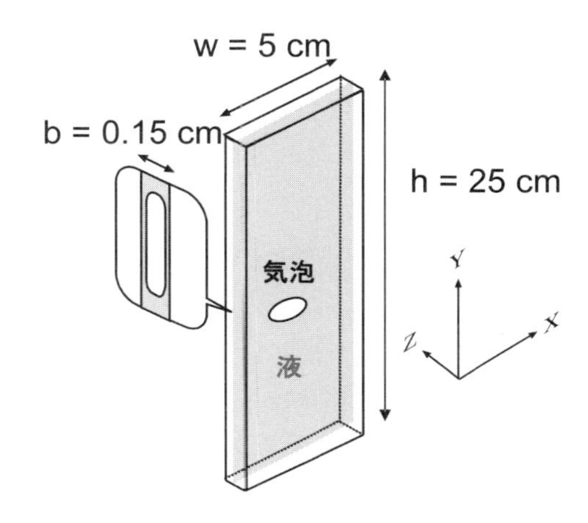

図 11　ヘレショウセルの液中を気泡が上昇する模式図
ここで w はセルの幅，b はセルの厚さ，h はセルの高さである。

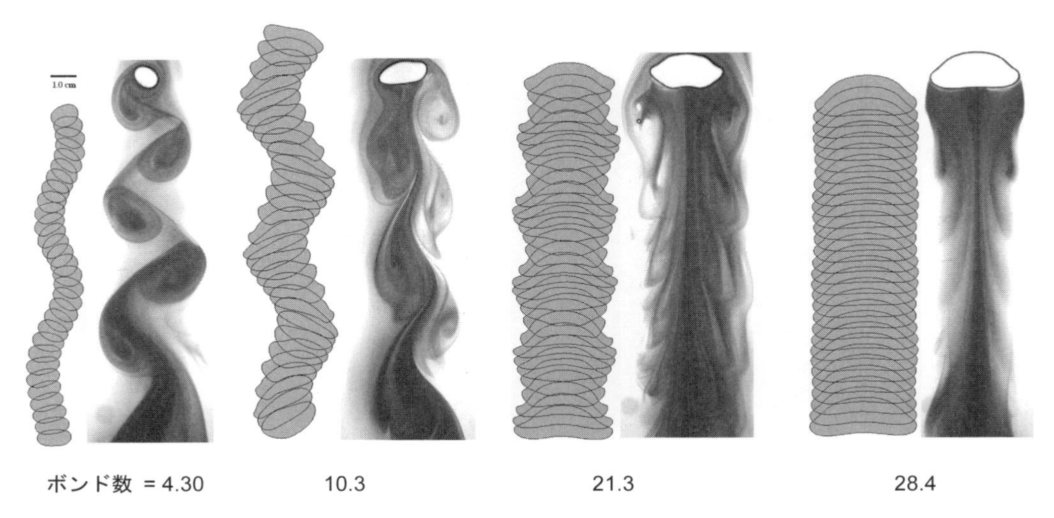

図 12　サイズの異なる気泡が水中を浮上する際の形状変化と伴流の様子
気泡サイズの増加に伴いその形状は楕円，ソラマメ，羽ばたき，クラゲ型へと変化する。

水の粘度をほとんど変化させない程度のPNIPAMを加えた水溶液（PNIPAM濃度は 8.5×10^{-4} g/100 mLでその表面張力は水に比べて1.3 mN/m低い）中をサイズの異なる気泡を浮上させ，PNIPAMの気泡表面への吸着による気泡の浮上不安定性に対する影響が観察されている[15]。気泡の形状は，ボンド数の増加に伴いその形状は楕円，ソラマメ，クラゲ型へと変化し，羽ばたき型の気泡は存在せず，クラゲ型の気泡は水の場合の羽ばたき型の気泡が観察されるほぼ同じボンド数で観察されている。ソラマメ型の気泡のみに周囲長の定常的な振動が現れ，クラゲ型の場合にはその周囲長の振動は浮上に従い減衰している。一方，気泡の浮上速度は，水の場合とほぼ同じ形状依存性を示し，楕円型の気泡ではボンド数の増加に伴い増加し，そして平坦部に達し，ソラマメ型の気泡では平坦部を経てクラゲ型の気泡に変化するボンド数で最小値を示し，その後増加し最大値を示し，そしてわずかに減少している。なお，PNIPAM濃度が 3.0×10^{-4} g/100 mLの場合には，気泡の浮上不安定性は水の場合とほとんど同じで，PNIPAMの気泡表面への吸着の影響は無いことを示唆している。

4.1.2　液中を浮上する気泡の軌跡，形状，伴流に対する高分子の吸着の影響

山本と川口は高分子水溶液中で気泡をノズルの先から離脱せずに一定時間保持した後に放ち，気泡表面への高分子の吸着の影響について検討している[16]。図13に水の粘度と密度がほとんど同じであるHPMC水溶液（HPMC濃度は 1.0×10^{-4} g/100 mLで60分経過後の表面張力は水に比べて2.8 mN/m低下）に，ボンド数が2.1程度の気泡をセル（$27 \times 5 \times 0.15$ cm^3）

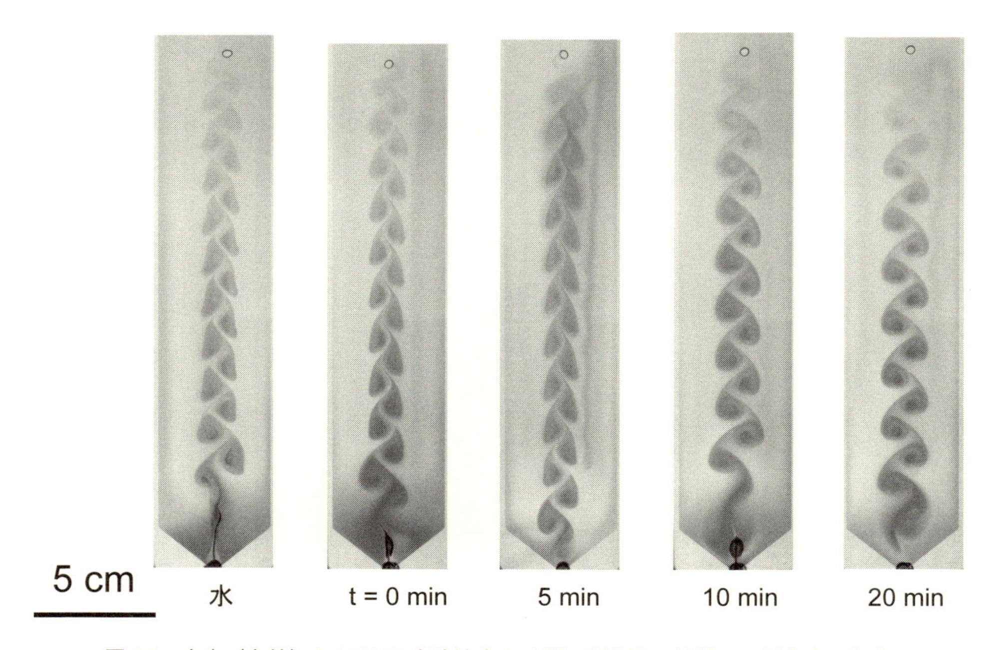

図13　水中（左端）とHPMC水溶液中を時間t経過後に離脱して浮上する気泡（ボンド数は2.1程度）の様子とその伴流

のノズルの先に0，5，10，20分間それぞれ保持し，その後に離脱して液中を浮上する気泡の様子と伴流を合わせて示す。気泡の上昇に伴う軌跡の振動の様式は吸着時間の増加に伴い変化し，吸着時間が10分を超える伴流は，円柱状の剛体が液中をゆっくりと進む場合（低いレイノルズ数の層流流れに相当している）にその剛体の背後に観察される規則的なカルマン渦列と近いことが分かる。これは，気泡表面に吸着するHPMCによって気泡が弾性的になり，浮上に伴う気泡の形状変化が抑制されるためである。

図14には，図13の気泡がノズルを離脱した直後から上昇する様子を示してあり，それぞれの気泡は過渡状態と一定の振動で浮上する状態に区別できる。過渡状態の浮上速度は振動状態の場合に比べて大きいが，両者共吸着時間の増加に伴い減少し，それぞれの浮上速度は吸着時間が20分を超えるとほぼ一定値に達している。また，過渡状態に観察される周囲長の振動は，吸着時間が20分を過ぎるとほとんど減衰してしまうことも明らかになっている。

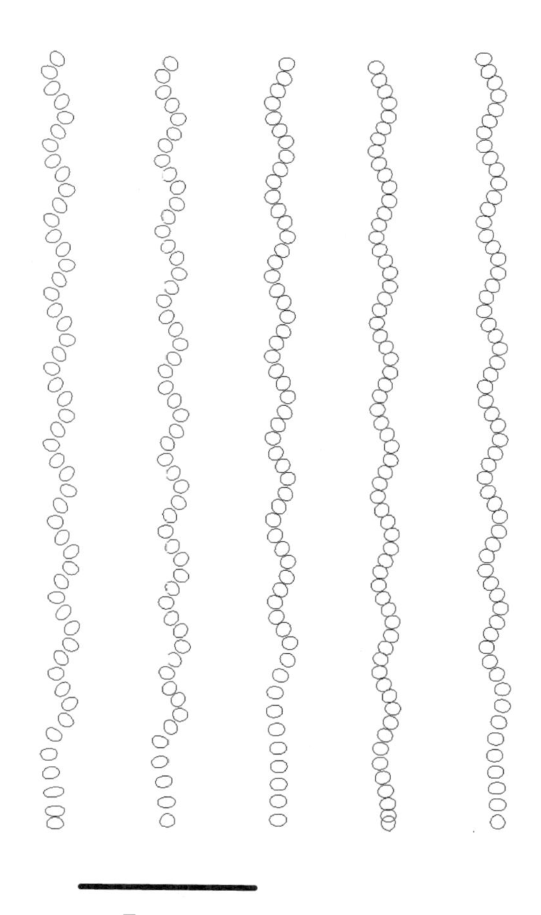

図14　図13の気泡がノズルを離脱した直後から上昇する様子

4.1.3　自由表面での気泡の分裂

水中を浮上する気泡が自由表面に達した場合の気泡の不安定性，すなわち気泡の分裂の様子は，上述した4つの気泡の形状に強く依存することが分かっている[17]。つまり，自由表面に達した楕円型の気泡とボンド数が20以下のソラマメ型の気泡は，その形状を著しく変形するが全く分裂しない。一方，ボンド数が20を超える大きなサイズのソラマメ型の気泡は，二つに分裂する。一方，羽ばたき型の気泡は二つあるいは三つ，くらげ型の気泡は必ず二つにそれぞれ分裂する。図15に羽ばたき型の気泡が自由表面に達し，分裂する前後の判流を示す。気泡が自由表面に5，6 mmまで接近すると気泡の前方に新たな流れ（図中に丸で示す）が生じ，自由表面と接すると気泡の崩壊に伴い，伴流に観察される渦（図中に四角で示す）が自由表面に対して水平方向に成長している。この新たな流れと渦の発生によって気泡の分裂が起きると考えられるが，理論的な解釈はされていない。ただし，気泡が分裂しない場合には，その気泡の伴流観察から，気泡の前方の流れと渦は共に存在しないことが実験的に確認されている[17]。

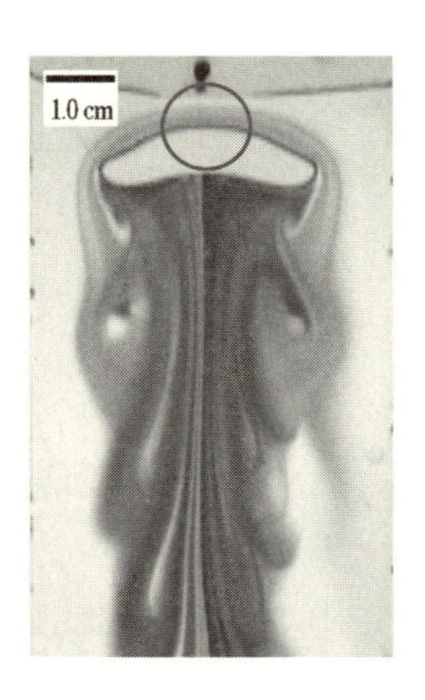

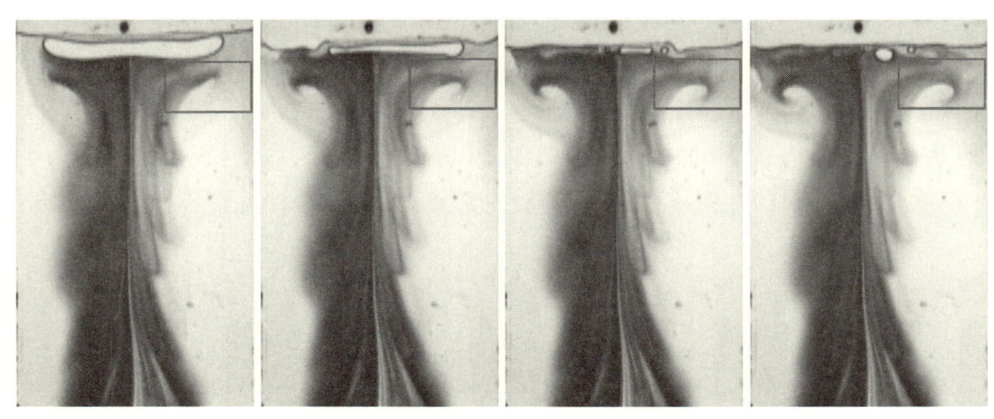

図15　羽ばたき型の気泡が自由表面に達し，分裂する前後の判流の様子

4.2　泡沫の挙動

ヘレショウセルを用いた泡沫の分散安定性に関する研究として，泡沫の起泡剤の種類に着目したCapsらの研究[18~20]と，泡沫を起泡する際の気体（空気）の注入速度の影響を検討した石崎[21]と飯田の研究[22]について述べる。Capsらの泡沫の起泡方法は，起泡剤水溶液を入れたセル（$13 \times 13 \times 0.3\,\mathrm{cm}^3$）を水平軸回りに回転している。一方，石崎と飯田は垂直に立てたセル（$27 \times 5 \times 0.15\,\mathrm{cm}^3$）の中に起泡剤水溶液を規定量入れ，下方からシリンジポンプを用いて，一定量の空気の注入速度を変えて泡沫を調製している。

4.2.1　泡沫の分散安定性に及ぼす起泡剤の影響

Capsらは起泡剤水溶液にドデシル硫酸ナトリウム（SDS）を含む3種類のアニオン性界面活性剤[18~20]と，牛血清アルブミン（BSA）[20]の水溶液を用いている。ここでは，SDSとBSA水溶液から調製した泡沫について述べる。泡沫の様子は，起泡剤の種類に関係なく，起泡剤水溶液のセルを占める体積分率ϕ_fとセルの回転数n_fに強く依存している[18~20]。ϕ_fが0.02から0.25の起泡剤水溶液を用いて，n_fを変えて泡沫を調製すると，泡沫を構成している気泡の数N_fは，起泡剤の種類に関係なく式(5)で表されることが分かっている。

$$N_f = \phi_f^2 \frac{\exp(a\phi_f n_f)}{\left(1 + \frac{\varepsilon}{\sqrt{1.6A_f}} \exp\left(\frac{a\phi_f n_f}{2}\right)\right)^2} \tag{5}$$

ここで，aはフィティングパラメータ，A_fはセルの面積，εは泡沫を構成する気泡のプラトー部分に相当する幅である。式(5)から，N_fは高いϕ_fほど低いn_fで多くなることが分かる。

起泡剤濃度を変え，ϕ_fを0.118とn_fを100に固定して調製した泡沫のN_fの時間変化を求めたところ，SDS水溶液のN_fは，SDS濃度に関係なく時間経過に伴い気泡の合一・消泡が進み減少するが，SDSのcmcで調製した泡沫が最も高い分散安定性を示した。一方，BSA水溶液のN_fは，BSA濃度に関係なく泡沫の排液はほとんど起こらず，経過時間に対してほぼ一定であった。

調製直後の泡沫の写真から泡沫の構造を検討したところ，SDS水溶液から調製した泡沫を構成する気泡サイズの分布とセルの場所による気泡の存在状態をBSA水溶液の場合と比べると，サイズ分布は狭く，気泡はセル全体に均一に存在した。一方，BSA水溶液から調製した泡沫を形成する気泡には，大きな気泡がセルの下方と上方に，小さな気泡がセルの中央にそれぞれ存在する不均一性が観察された。

4.2.2　泡沫の分散安定性に及ぼす空気の注入速度の影響

石崎[21]と飯田[22]はセル中にcmcを挟む濃度，すなわちcmc/10，cmc/2，cmc，2cmcのドデシルベンゼンスルホン酸ナトリウム（SDBS）水溶液を2 mL入れ，そこにシリンジポンプを用いて5 mLの空気を，注入速度を変えて調製した泡沫の分散安定性を評価している。

cmcのSDBS水溶液中に1 mL/minで空気を注入した場合の注入直後と，注入後60分の泡沫の様子（6.5 × 5 cm^2）をそれぞれ図 16a と b に示す。写真から分かるように，時間が経過しても泡沫の高さ，気泡の数，その形状はほとんど変化しないことが分かる。ただし，多くの気泡の泡膜は経過時間と共に排液のために薄くなるので，コントラストが悪く，見づらくなっ

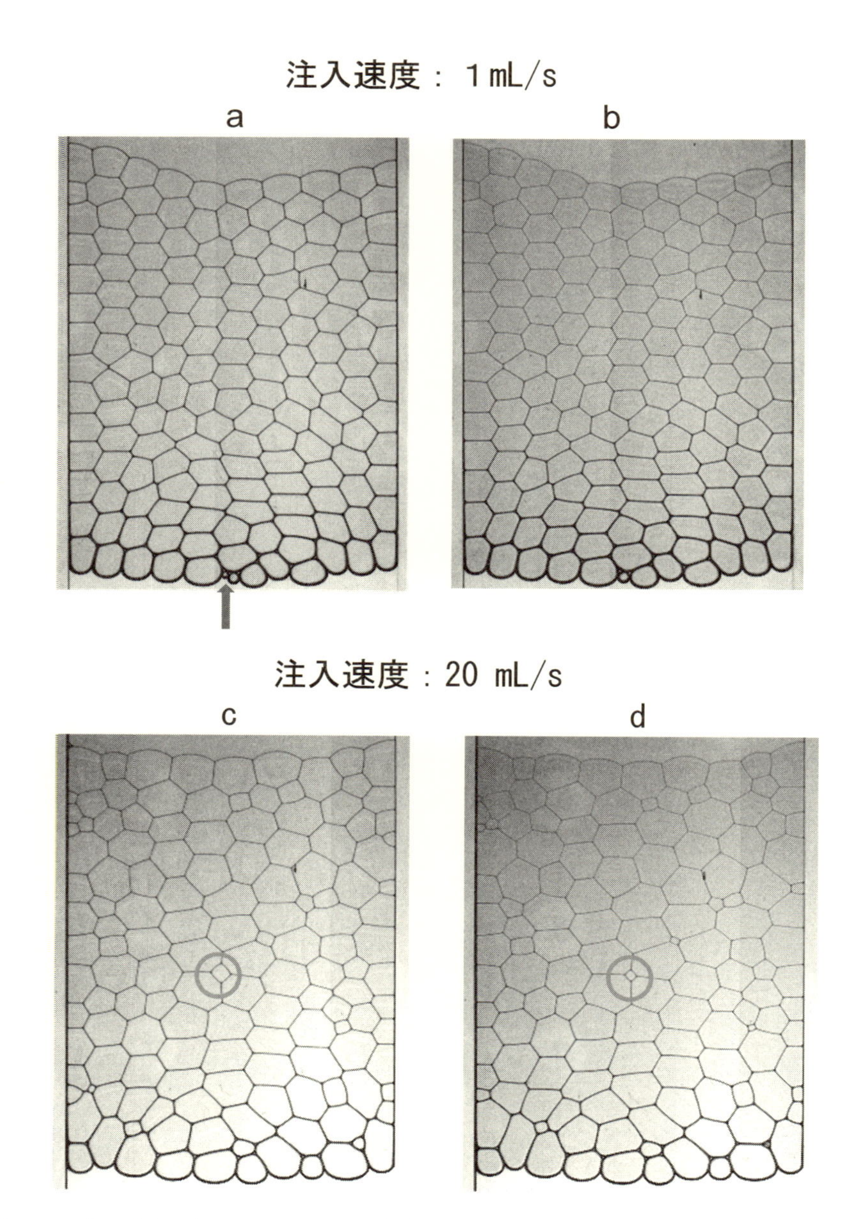

図 16　ヘレ-ショウセル中の cmc の SDBS 水溶液に 5 mL の空気を異なる注入速度（1 と 20 mL/s）で注入した場合に生成した泡の経過時間の違い（注入直後（a, c）と 60 分経過後（b, d））による影響を表す写真

60 分経過すると，a にある矢印で示す小さな気泡は合一し，c にある○を記す泡のサイズは小さくなる。

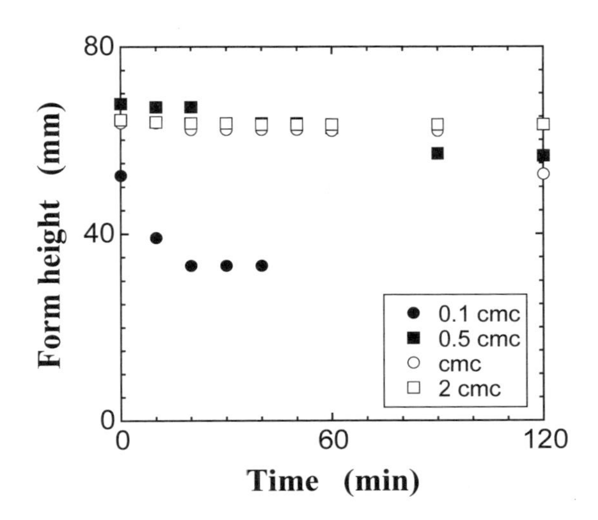

図17　ヘレ-ショウセル中の異なる濃度のSDBS水溶液に5 mLの空気を10 mL/minで注入した場合の泡の高さと経過時間の関係

ている。また，図16aの下方に存在する小さな気泡（矢印で示す）が60分経過すると消泡していることも分かる[21, 22]。

同じ量の空気を異なる注入速度で注入した場合，注入速度の増加と共に泡沫を構成する気泡の数は減少，すなわち気泡のサイズは増加し，気泡のサイズ分布は広くなっている。また，時間経過に伴い小さな気泡の合一・消泡あるいは合一に進む傾向が，共に顕著になることも観察されている。一例として，cmcのSDBS水溶液に5 mLの空気を20 mL/minで注入した場合の注入直後と，注入後60分の泡沫の様子をそれぞれ図16 cとdに示す。それぞれの気泡サイズの分布は図16aとbの場合に比べて広くなっている。また，図中の丸で記す小さな気泡が60分経過すると，さらにそのサイズを減少していることも分かる[21, 22]。

泡沫の分散安定性を評価するために，気-液界面から上方の泡沫の位置が最も低いところを泡沫の高さと定義し，異なる濃度のSDBS水溶液に5 mLの空気を10 mL/minで注入した泡沫の高さと，経過時間のプロットを図17に示す。SDBS濃度がcmc以上の水溶液から調製した泡沫の高さは，90分経過してもほとんど変化しない。一方，0.1 cmcのSDBS水溶液の場合，調製した泡沫は40分で完全に消泡している。また，0.5 cmcでは，時間の経過に伴い上方にある気泡の一部の合一・消泡によって泡沫の高さは徐々に低下している[21, 22]。

5　泡の応用とその事例

泡の応用事例として，メレンゲ泡への応用，アイスクリームへの応用，泡含有乳組成物への応用について述べる。

5. 1　メレンゲ泡への応用

メレンゲとは卵白を泡立て泡沫にしたものである。メレンゲが比較的安定しているのは，卵白中に含まれている界面活性を示すタンパク質のオボグロブリンによる[23]。つまり，卵白を攪拌して泡立てることによって，オボグロブリンが表面張力を下げ空気を抱え込み易くすることと，それ自身が変性することによって，空気と水の界面を繋ぐ膜状の構造を作り，適度な粘弾性を付与するからである。卵白に砂糖を加え泡立てたメレンゲを，ケーキの装飾クリームの絞り袋を用いて一定の高さに絞り出し（図 18），これを 120 ℃程度の温度で調製した焼きメレンゲ菓子は良く知られている。しかしながら，卵白によってアレルギー症状を発生する人に対しては，メレンゲの提供は避けなければならない。また，この焼きメレンゲ菓子は，多量の砂糖が使われているために極めてカロリーの高い菓子でもある。

そこで，早川らは植物由来のセルロースを原料とした HPMC や MC，および砂糖の代替えとして甘味料のエリスリトール配合品を使用して，卵白を使用せず[24]ほとんど栄養価の無い焼きメレンゲ菓子風の食材の調製を試みている[25]。この食材は，卵白を使用していないので定義からはメレンゲと呼ぶべきでないが，ここでは，HPMC あるいは MC と甘味料の混合水溶液を泡立てしたものもメレンゲと呼ぶことにする。

焼きメレンゲ菓子の調製は以下のように行う。50 ℃程度に温めておいたボウルに，熱湯 50 g を入れた後直ちに，泡立て機で攪拌しながら HPMC あるいは MC 粉体 4 g を入れ，市販の泡立て機で最大速度にて泡立てながらエリスリトール配合品の浅田飴㈱製の市販のシュガーカット粉体 18 g を 3 回に分けて投入し，3 分程度泡立て機で泡立てメレンゲを作る。得られたメレンゲを絞り袋に入れ，バット上に敷かれたクッキングシート上に図 18 のようにメレンゲを形成させる。メレンゲの高さである絞り出し物の最大高さ（cm），メレンゲ処方水溶液とメレンゲ泡沫の G' を表 2 に示す。メレンゲの高さは泡沫の保形性と解釈でき，使用した HPMC あるいは MC の置換度によって異なるが，その高さは図 19 に示すようにメレンゲ泡沫

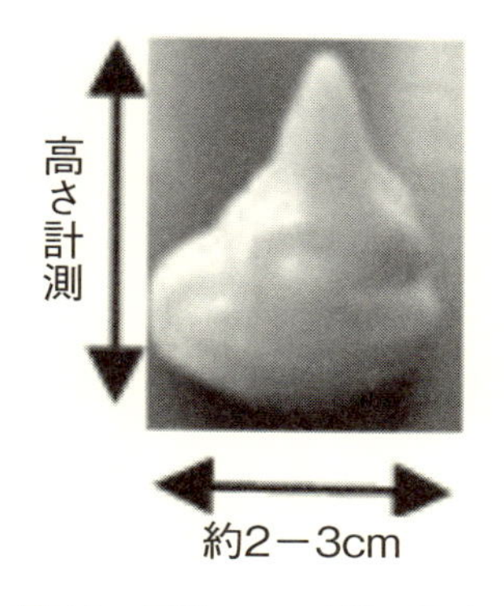

図 18　調製メレンゲ泡の写真
出典：早川和久，セルロース学会第 22 回予稿集，p.122，Figure 1（2015）

の G' に対して良い相関がある。

クッキングシート上に調製したメレンゲは，110℃に予熱したオーブンで 90 分焼成する。ここで使用した HPMC および MC の水溶液を加熱するとゲル状となり，形成した泡沫の被膜が加熱で強固になるため焼成中に泡が合一することはない。

一方，各々のメレンゲ泡沫中の気泡の大きさを光学顕微鏡で観察してみると，図 20 に示す

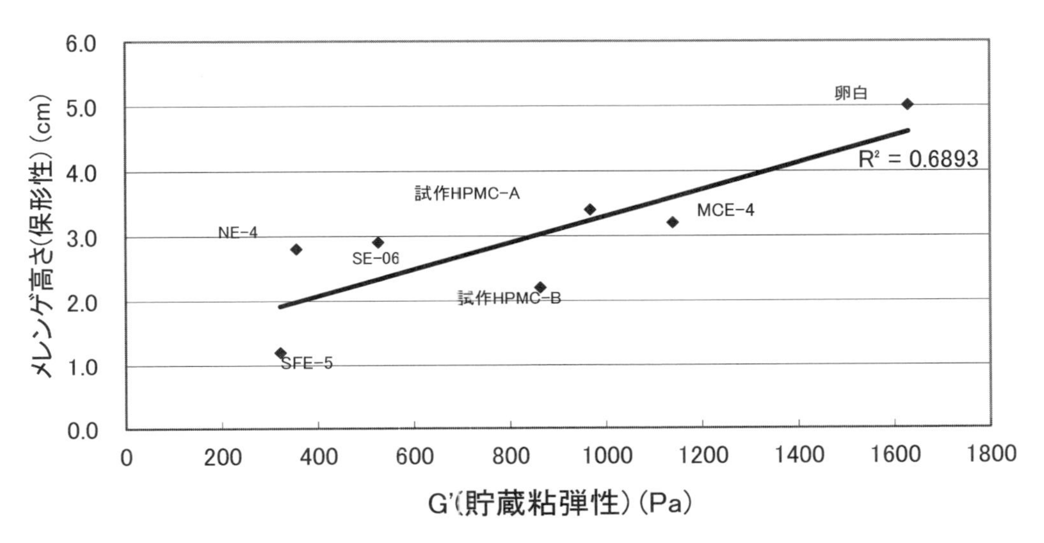

図 19　メレンゲ泡の高さとメレンゲ泡沫の G' のプロット

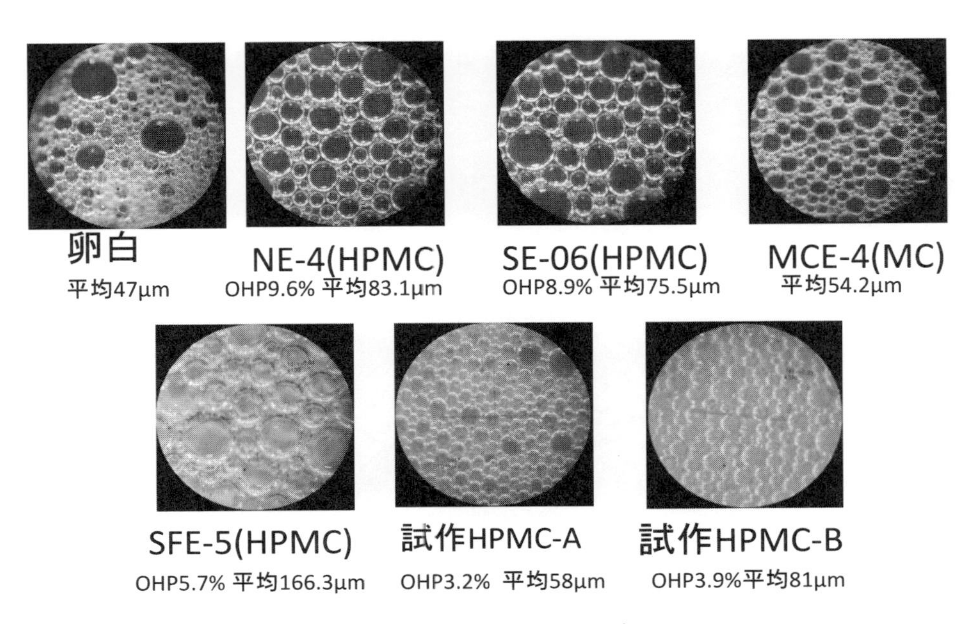

図 20　調製メレンゲ泡の写真

ように気泡の大きさはHPMCとMCの置換度によって異なる。観察された視野内で円形性の悪いものや小さくて計測困難とされるものを除いて，視野内の気泡の計測径の平均を表2に示す。また，図21に示すように、この平均径とメレンゲ泡沫の高さの相関も比較的良いことが分かる。

前述したようにHPMCあるいはMCの水溶液は加熱によってゲル化するが，このゲルは冷却すると元の水溶液に戻るという熱可逆ゲルである。次に，如何にして熱可逆ゲル化が起こるかを説明し[26]，熱可逆ゲルと保護コロイド効果の関連について述べる。

図22に示すようにセルロースはグルコピラノースと呼ばれる3つの水酸基を含む分子が鎖状に連なったもので，この3つある水酸基の一部をメチル基で置換したものがMCである。つまり，MCはセルロースの1つの分子骨格にある水酸基の3つ全部が置換した三置換部分，

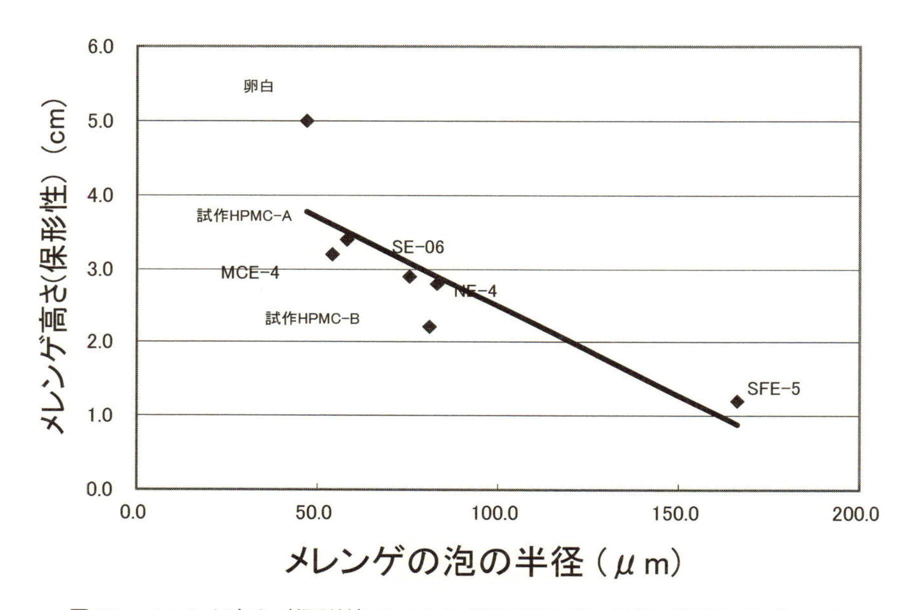

図21　メレンゲ高さ（保形性）とメレンゲ泡沫の気泡の半径（平均）のプロット

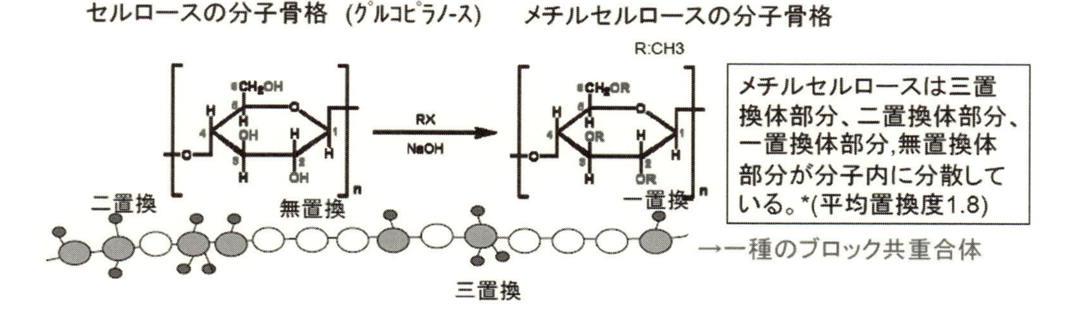

図22　メチルセルロースの分子構造

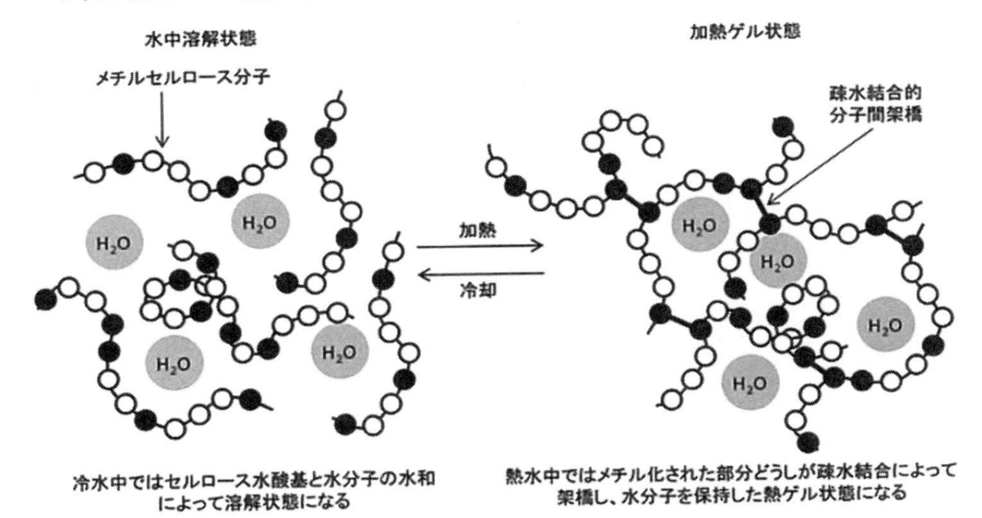

図23　メチルセルロースの熱可逆ゲル化の説明
出典：早川和久，セルロースのおもしろ化学とびっくり活用　P.116-117　講談社（2012）

2つしか置換していない二置換部分，1つだけ置換の一置換部分，ならびに置換していない無置換の部分が，それぞれ鎖状の分子の中で無秩序に存在している。冷水溶液中では水酸基があるグルコピラノース部分が水和して溶解するが，加熱されると，図23に示すような三置換の一部で疎水和が起こり，水が入り込んだ三次元網目ができる加熱ゲル状態となる。それを冷却すると，疎水和が解けて水溶液にもどる。

西田らは表2のMCE-4の濃度の異なる水溶液を，直径3 mmのプローブ鉄球をあらかじめ沈めておいた外形10 mmのNMR管に入れて，所定温度で1時間保持した後に，管を逆さにしてもプローブ球が動かなくなる温度をゾル-ゲル温度と定義し，得られた結果を図24に示す[27]。MC濃度が高くなるとゾル-ゲル温度は低くなり，25℃の室温付近でもゲル化状態を示す濃度の存在が示唆される。

一方，溶解した高分子が空気と溶液界面に吸着した場合，その吸着層での高分子濃度は高分子の溶解したバルク相に比べて十分高いことは良く知られている。したがって，MCの吸着層には，25℃程度の室温下でもゲルの存在することが推測される。このような現象は表面ゲル化と呼ばれ[28]，この表面ゲル化によって強固な吸着層の保護コロイド層が形成される。図25に吸着による表面ゲル化現象の概念図を示す。このような吸着層での表面ゲル化現象はHPMCでも起こり得る。

2 wt%水溶液における20℃の粘度が4000 mPa・sのMCと15000 mPa・sのHPMCのそれぞれの10 wt%水溶液を80℃で熱ゲル化したものを，10 mm圧縮するのに必要な熱ゲル強度

表2　HPMC，MC，メレンゲの特性表

使用メチルセルロース(MC)とヒドロキシプロピルメチルセルロース(HPMC)のサンプル名	MC，HPMC 物性 置換度 OME(%)	置換度 OHP(%)	2 wt%水溶液 20℃ 粘度 (mPa・s)	0.2 %水溶液のペンダントドロップ 表面張力 σ mN/m (0.01 Hz)	メレンゲの物性 メレンゲ処方水溶液の貯蔵弾性率 G′(Pa) 歪み 0.01% 25 mm プレート D=1 mm 周波数 10.2 Hz 20℃"	掘り出し物の最大高さ (cm)	調製メレンゲのかさ密度 (g/cc)	調製したメレンゲ(泡沫含)のレオメーター貯蔵弾性 G′値(Pa) 歪み 0.01% 25 mm プレート隙間 D=1mm 角周波数 10.5 sec^{-1}	調製したメレンゲ泡沫中の泡の平均半径 (μm) (画像計測条件：円形度 0.2 以下と面積 3000 以下(半径 31 μm)以下カット)	参考 みかけの有効空気体積分率	メレンゲ(泡沫含)の貯蔵弾性率 G′相関値(計算 (Pa) <5.1－1> 式より)
卵白	—	—	—	41.7	10.4	5.0	0.147	1630	47.0	0.853	82.5
試作 HPMC-A	29.4	3.2	3.5	44.3	35.7	3.4	0.188	968	58.2	0.8124	54.8
試作 HPMC-B	29.3	3.9	3.6	44.4	17.4	2.2	0.200	864	81.0	0.80	36.2
MCE-4	28.9	—	3.2	46.6	42.4	3.2	0.234	1140	54.2	0.766	43.1
SE-06	28.7	8.9	6.0	45.0	15.0	2.9	0.115	526	75.5	0.885	66.0
NE-4	22.9	9.6	4.2	46.6	6.64	2.8	0.145	356	83.1	0.855	52.7
SFE-5	27.7	5.7	4.3	44.7	5.74	1.2	0.264	322	166.3	0.736	10.0

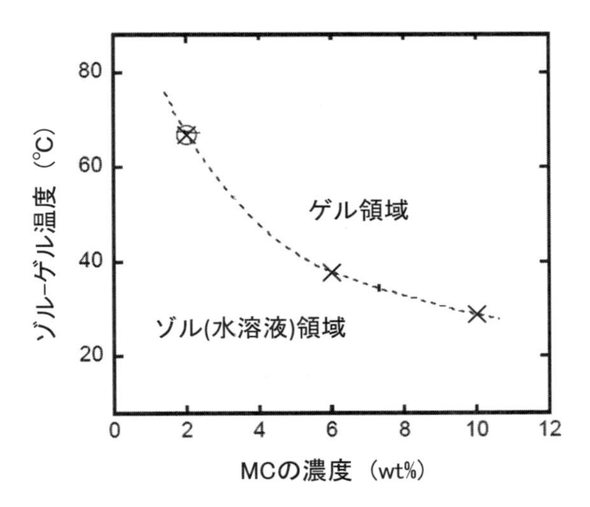

図 24　メチルセルロースの熱可逆ゲル化温度
出典：西田幸次他，繊維学会予稿集，Vol.71，No.2，P36，Figure2（2016）

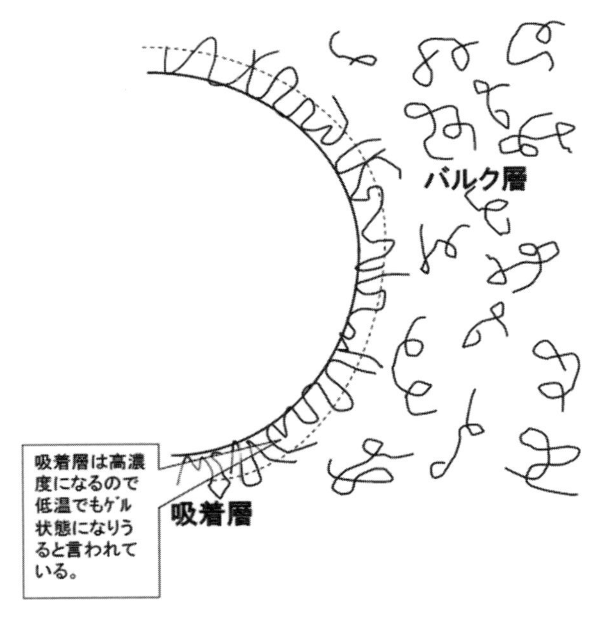

図 25　吸着による表面ゲル化現象の概念図

とヒドロキシプロピル置換度の関係を図 26 に示す。ヒドロキシプロピル置換度が低いほど熱ゲル強度は高く，表面ゲル化現象による保護コロイド性も熱ゲル強度が高いほど大きい。改めて表 2 のメレンゲの高さ（保形性）を眺めてみると，ヒドロキシプロピル置換のない MCE-4

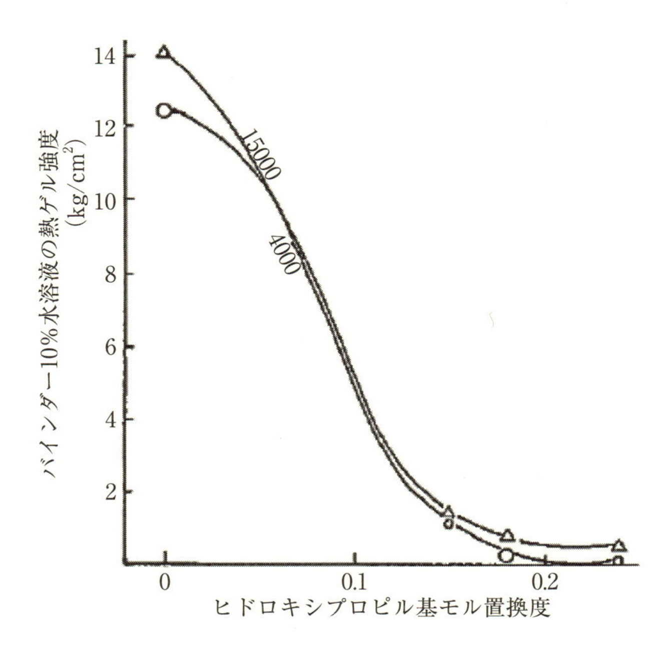

図26　MC と HPMC の 10 wt% 水溶液の熱ゲル化物の強度のヒドロキシプロピル置換度依存性
図中の数字 4000 と 15000 は，MC および HPMC の 2 wt% 水溶液の 20 ℃でのそれぞれの粘度。
出典：深沢美由紀，早川和久，セルロース利用技術の最前線，p208，図 5，シーエムシー出版（2008）

とヒドロキシプロピル置換度の低い試作 HPMC-A の保形性は，共に比較的高いことが分かる。したがって，MC の日本国内での食品への最大添加量は 2 wt%という制限があるので，実用上有用な添加物は食品への添加量制限のない試作 HPMC-A となる。

5. 2　アイスクリームへの応用

アイスクリームとは，牛乳などの乳類を原料に，冷やしながら空気を含むように攪拌してクリーム状にして凍らせた菓子である。したがって，泡沫の形成とその安定化がアイスクリームの食感に著しく影響すると考えられるので，泡沫の安定性は重要な課題である。そこで早川らは，安定剤として CMC あるいは MC を添加したアイスクリームを調製し，その泡沫の安定性について評価している。明治 2 年に日本国内で初めて製造販売されたアイスクリームは卵黄の入ったカスタードアイスと呼ばれ，それ以来一般に普及してきたので，早川らは卵黄を含むアイスクリームの処方で検討している。その材料として，卵黄 3 個，牛乳 100 mL，生クリーム 100 mL，グラニュー糖 45 g，MC あるいは CMC 1.0 g を使用して混合溶液を調製した。比較のために，MC や CMC を添加しない溶液も用意した。

使用した材料の個々の容積を測定し，その総和を全容積 V_{total} とし，混合材料の泡立て操作の直後の重量重さ W_{mix} とその体積 V_{mix} をそれぞれ計測し，冷凍する直前の材料の体積に対して空気の入る割り合い，オーバーラン $Overrun_{mix}$(%)は式(6)より求められる。

$$Overrun_{mix}\ (\%) = (V_{mix} - V_{total}) / V_{tota} \times 100 \tag{6}$$

また，冷凍してアイスクリームとなった状態のものを，冷やしたメスシリンダーに 20 mL まで詰めて入れ，この 20 mL でのアイスクリームの実際の重さ $W_{icecream}$ を計測して，調製されたアイスクリームの体積 $V_{icecream}$ は式(7)より求められる。

$$V_{icecream} = W_{mix} \times 20 / W_{icecream} \tag{7}$$

これらの値を用いて，材料の容積に対して冷凍されたアイスクリーム中入っている空気の割り合い，オーバーラン $Overrun_{icecream}$(%)は式(8)より求められる。

$$Overrun_{icecream}\ (\%) = (V_{icecream} - V_{total}) / V_{total} \times 100 \tag{8}$$

各々の材料の容積測定結果を表 3 に，オーバーランの計算結果を表 4 にそれぞれに示す。ただし，MC と CMC 水溶液の液比重増加は無視して計算した。MC や CMC を添加した場合と添加しない場合を比べると，MC や CMC を添加すると $Overrun_{mix}$，すなわち泡沫の導入量は減っているが，冷凍され完成したアイスクリームの $Overrun_{icecream}$ はいずれも $Overrun_{mix}$ より減少するが，MC や CMC を添加してない場合に比べて $Overrun_{icecream}$ の値は高く，泡の保持性は向上していることが分かる。このアイスクリームでの $Overrun_{icecream}$ は冷凍状態で 5 ないし 6 日間放置されるとさらに減少するが，MC と CMC の添加によって高い値を維持していることが分かる。つまり，MC と CMC は泡皮膜に粘弾性を与えることで泡保持性を高めていると考えられる。MC と CMC を比較すると，わずかではあるが MC の方が高い保持性を示す。この違いは，アイスクリームのような極めて低い温度下においても，空気と水溶液界面に吸着した MC 鎖同士の高置換部分に弱く疎水和した構造が存在することと，CMC には疎水基がないので疎水和による構造は形成されないことによる。

図 27 にアイスクリーム調製の異なる工程における様子を 25 ℃，160 倍で光学顕微鏡観察した結果を示す。25 ℃での観察のためにアイスクリームは溶けた状態であるが，MC や CMC が

表３　アイスクリーム調製材料の容積

MC 使用調製材料

	体積(mL)
卵黄	40
牛乳	100
生クリーム	100
グラニュー糖	40
Vol_{total}	280

CMC 使用調製材料

	体積(mL)
卵黄	46
牛乳	100
生クリーム	100
グラニュー糖	40
Vol_{total}	286

MC，CMC 無使用調製材料

	体積(mL)
卵黄	49
牛乳	100
生クリーム	100
グラニュー糖	40
Vol_{total}	289

表4　冷凍前混合材料，アイスクリーム容積，オーバーランの変化

〈MC 使用冷凍完成後アイスクリームの体積とオーバーランの変化〉

			体積(mL)		オーバーラン(%)	
混合後（冷凍前）	W_{mix}	286.6	Vol_{mix}	490	$Overrun_{mix}$	75
アイスクリーム	11.5 g/ 20 mL		$Vol_{icecream1}$	498	$Overrun_{icecream1}$	78
6日後アイスクリーム	14.2 g/ 20 mL		$Vol_{icecream2}$	404	$Overrun_{icecream2}$	44

〈CMC 使用冷凍完成後アイスクリームの体積とオーバーランの変化〉

			体積(mL)		オーバーラン(%)	
混合後（冷凍前）	W_{mix}	283.2	Vol_{mix}	460	$Overrun_{mix}$	61
アイスクリーム	12.3 g/ 20 mL		$Vol_{icecream1}$	460	$Overrun_{icecream1}$	61
5日後アイスクリーム	14.5 g/ 20 mL		$Vol_{icecream2}$	391	$Overrun_{icecream2}$	37

〈MC，CMC 無使用冷凍完成後アイスクリームの体積とオーバーランの変化〉

			体積(mL)		オーバーラン(%)	
混合後	W_{mix}	289.0	Vol_{mix}	590	$Overrun_{mix}$	104
アイスクリーム	13.2 g/ 20 mL		$Vol_{icecream1}$	438	$Overrun_{icecream1}$	52
5日後	15.5 g/ 20 mL		$Vol_{icecream2}$	373	$Overrun_{icecream2}$	29

MC添加　冷凍前

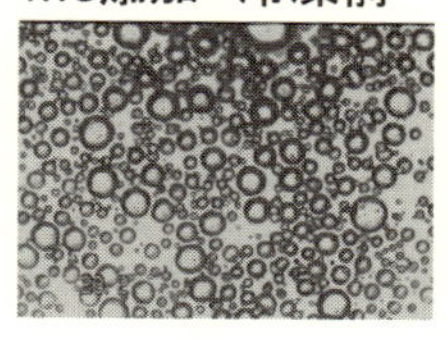

MC添加　冷凍アイスクリーム完成直後

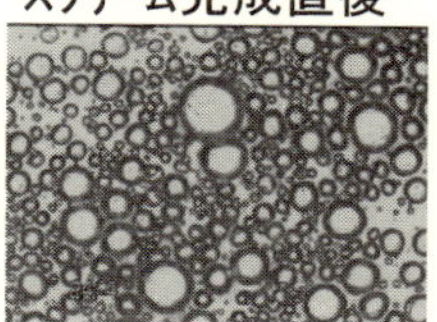

MC添加　冷凍アイスクリーム完成後6日冷凍保存

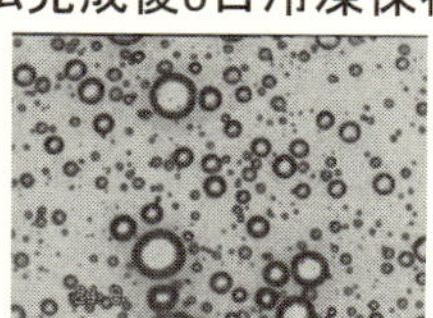

スケール

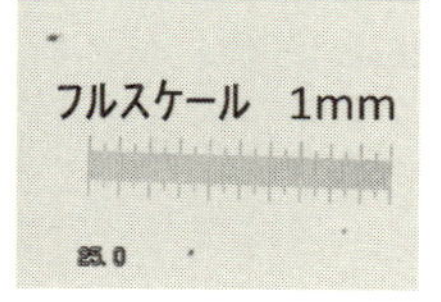

CMC添加　冷凍前

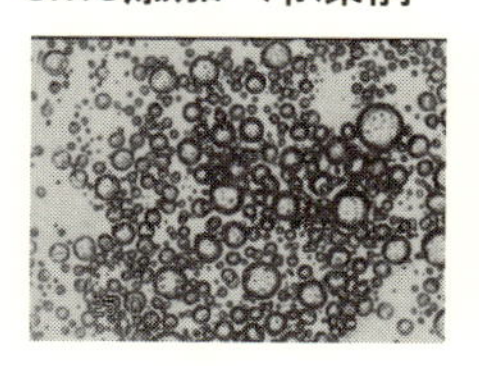

CMC添加　冷凍アイスクリーム完成直後

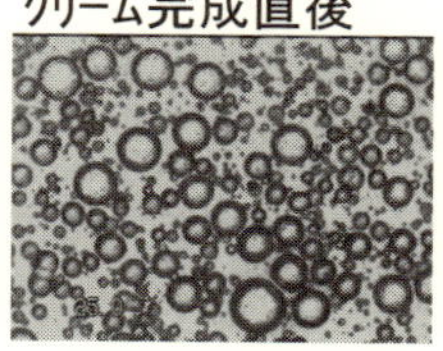

CMC添加　冷凍アイスクリーム完成後5日冷凍保存

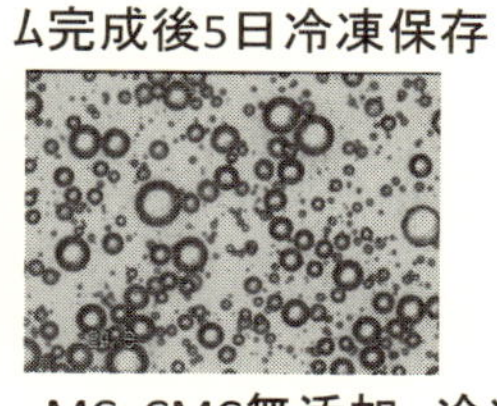

MC, CMC無添加　冷凍前

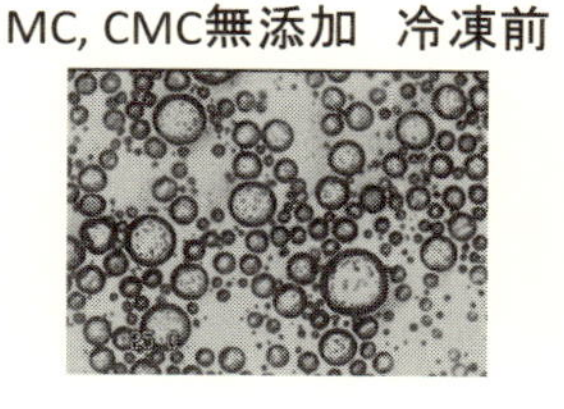

MC, CMC無添加　冷凍アイスクリーム完成直後

MC, CMC無添加　冷凍アイスクリーム完成後5日冷凍保存

図27　アイスクリーム調製品の光学顕微鏡写真

添加された場合の気泡のサイズの変化は少ない。一方，MC や CMC が添加されない場合には，冷凍された状態では大きな気泡が消失している上に，冷凍を 5 日間すると小さな気泡は消え，合一した大きな気泡が観察され，泡は安定化されないことが分かる。アイスクリームの味についての詳細な官能検査はしていないが，MC や CMC を入れないアイスクリームはざらざらした舌触りであったが，MC と CMC の添加によるアイスクリームの食感との違いは分からなかった。

5.3　泡含有乳組成物への応用

植物性油脂を含む一般的なホイップクリームや生クリームには，牛乳由来の界面活性を示すタンパク質成分のカゼインが含まれている。ホイップクリームを用いて抱き込まれる泡沫の状態や安定性について，MC あるいは HPMC の添加効果について検討した結果を以下に示す。植物油脂 45 %で無脂肪固形分 2.8 %の市販のホイップ用クリーム 240 g をボウルに入れ，上白糖 30 g，MC（信越化学工業㈱製 MCE-15）の 10 wt%水溶液 15 g，水 15 g を加えて，ボウル内でハンデイ電動泡立て機にて最大回転数で 5 分間泡立てをした後，絞り出し袋に入れスポンジケーキ生地の上にホイップクリームを絞り出した。比較として，MC の 10 wt%水溶液の代わりに，水のみ，置換度あるいは 2 wt%水溶液の粘度の異なる HPMC の 10 wt%水溶液を加えた場合も同じようにホイップクリームを調製し，スポンジケーキ生地の上に絞り出し，その形の観察と共にホイップ中の泡を顕微鏡で観察した結果を図 28 に示す。さらに，MC 水溶液あるいは水のみを添加して調製したホイップクリームをそれぞれスポンジケーキに絞り出した状態で，4 ℃の冷蔵庫に 18 時間放置後に再度観察を行っている。MC 水溶液を添加して調製したホイップクリームの形状は，MC を添加せず調製したホイップクリームに比べてしっかりしており，18 時間 4 ℃の冷蔵庫中に放置した後でもその形状は維持されている。それぞれのホイップクリーム中の気泡の大きさを光学顕微鏡で観察したところ，MC を使用したホイップクリームの気泡サイズは小さく，放置後の気泡サイズも維持されていた。一方，水のみ添加したホイップクリームの調製時の気泡サイズは大きく，放置後のサイズも大きくなっている。このことは，本章の 5.2 節で説明したように，MC 添加によって気泡を合一しない保護コロイド効果が付与されたと考えられる。また，異なる HPMC の添加されたホイップクリームについても同様な結果が得られている。

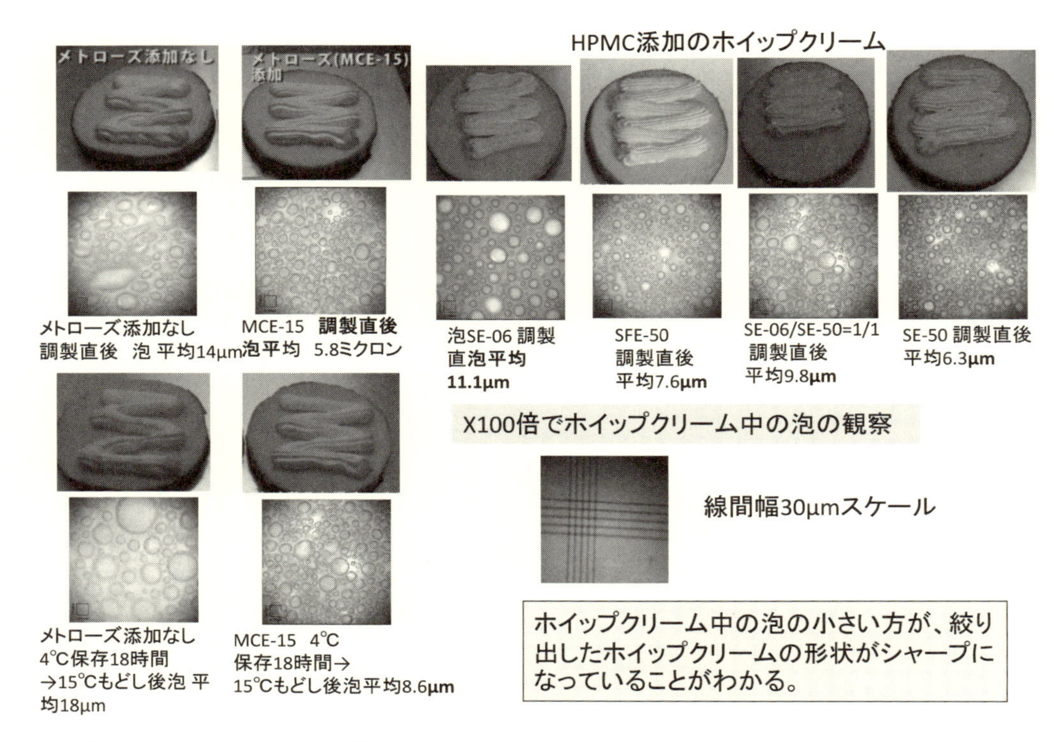

図28 ホイップクリームの絞り出し形状のシャープさとホイップクリーム中の泡の大きさ比較

文 献

1) E. S. Basheva *et al., Langmuir*, **17**, 969 (2001)
2) P. S. de Laplace, Mechanique Celeste, Suppl. 10th (1806)
3) D. Lohse, *Physics Today*, **56**, 36 (2003)
4) R. Miller & L. Liggieri (editors.), Interfacial Rheology, Koninklijke Brill (2009)
5) 大同化成工業㈱ サンジュロース, http://www.daido-chem.co.jp/
6) M. Kawaguchi *et al., Langmuir*, **12**, 3523 (1996)
7) T. Kato *et al., J. Surfactants Detergents*, **6**, 331 (2003)
8) M. Yamamoto *et al., Polymer Preprints, Japan*, **63**, 1275 (2014)
9) S. Cohen-Added *et al., Phys. Review E*, **57**, 6897 (1998)
10) S. A. Khan *et al., J. Rheology*, **32**, 69 (1988)
11) B. Herzhaft, *J. Colloid Interface Sci.*, **247**, 412 (2002)
12) H. S. Hele-Shaw, *Nature*, **58**, 34 (1898)
13) B. Gustafsson & A. Vasil'ev, Conformal and Potential Analysis in Hele-Shaw Cells, Birkhäuser Verlag (2006)

14) M. Kawaguchi, *Recent Res. Develop. Polymer Sci.*, **6**, 139 (2002)
15) H. Kozuka *et al.*, *J. Phys. Soc. Jpn.*, **78**, 114604 (2009)
16) M. Yamamoto & M. Kawaguchi, *J. Dispersion Sci. Technol.*, **32**, 1445 (2011)
17) 伊藤一也，マイクロバブルの工業的利用を目指した気泡のダイナミクス，三重大学大学院　地域イノベーション学研究科，修士論文 (2011)
18) H. Caps & N. Vandewalle, *Phys. Review E*, **73**, 065301 (2006)
19) H. Caps *et al.*, *Appl. Phys. Lett.*, **90**, 214101 (2007)
20) M. Krzan *et al.*, *Colloids Surfaces Physicochem. Eng. Aspects*, **438**, 112 (2013)
21) 石崎伸治，Hele-Shaw セル中の泡沫のダイナミクス，三重大学大学院　工学研究科　修士論文 (2010)
22) 飯田敦史，Hele-Shaw セル中の泡沫のダイナミクス，三重大学大学院　工学研究科　学士論文 (2011)
23) 河田昌子，新版　お菓子「こつ」の科学，92，柴田書店 (2013)
24) 特許公開 2011-147357
25) 早川和久，セルロース学会第 22 回予稿集，122 (2015)
26) T. Kato *et al.*, *Colloid Polymer Sci.*, **256**, 15 (1978)
27) 西田幸次ほか，繊維学会予稿集，**71**, No.2，36 (2016)
28) 加藤忠哉ほか，高分子論文集，**43**, 399 (1986)

第5章　エマルション

乳化剤が溶解あるいは分散している分散媒中に，分散媒に溶解しない液体を機械的に微細な液滴にして，種々のエマルションが調製されている。ここでは，低分子界面活性剤，高分子，固体粒子単独，あらかじめ低分子界面活性剤あるいは高分子を吸着させた固体粒子などを乳化剤に用いて調製されるエマルションについて，基礎から実際的な応用までの事例を挙げながら述べる。

1　エマルションの基礎

エマルションの分散安定性は液-液界面に吸着した乳化剤によって制御される。一方，エマルションは第3章で述べたようにクリーミング，凝集，オストワルド熟成，合一の機構の単独あるいは複合的な作用により不安定化する。また，泡と同様に，エマルションも液滴のサイズの違いによってミクロエマルションとマクロエマルションに区別される。ここでは，断らない限りエマルションの相は白濁し，液滴サイズは光学顕微鏡で確認でき，そのサイズ分布は広く，そして熱力学的に不安定なマクロエマルション（以下エマルションと呼ぶ）の調製法，種類，評価法などについて述べる。

1.1　エマルションの調製法

エマルションの調製には，分散質を機械的に分散媒に分散する分散法は回転・攪拌式の乳化装置や膜乳化装置が，凝縮法では転相温度法や自己乳化法がそれぞれ用いられている。エマルションの主たる調製方法の回転・攪拌式の乳化装置では，分散質はせん断力で微細な液滴にされる。したがって，これらの装置はせん断速度の違いによって大別され，数千 s^{-1} 程度のせん断速度のホモミキサー，ホモミキサーに比べせん断速度の一桁高いウルトラミキサー，高圧ホモジナイザーがある。

液滴サイズの分布が，回転・攪拌式の乳化装置の場合に比べて狭いことの分かっている膜乳化法とは，宮崎県工業試験場が九州南部一帯に分布する微細の軽石や火山灰のシラスを原料として，1981年に開発した孔径の揃ったシラス多孔質ガラスを，分散質の分画用フィルターとして用いた手法である[1)]。また，このフィルターで分画した後に撹拌子などで混合すると効率が良いことも分かっている。しかしながら，分散質と分散媒の組み合わせによっては，効率良く液滴サイズの分布を制御できない場合がある。

転相温度法は[2)]，乳化剤として用いたノニオン性界面活性剤の温度による親水性・親油性のバランスの変化を利用した方法で，温度を変化するのみでエマルション相の分散相と連続相を逆転できる。

自己乳化法は，乳化剤のみによって外部からの機械的あるいは熱的エネルギーを加えず，共存している相を反転することでエマルションを生成する方法である。そのための乳化剤の開発が不可欠であることは言うまでもない。また，この方法はドラッグデリバリーシステムのキャリアーの調製法として重要であり注目されている。

田中と大島は多くの実験結果を基に，液滴のサイズ D_p と分散媒の粘度 η_c の間に式(1)が成立することを提案している[3)]。また，Hopff らもベキ指数が -0.5 から -0.8 の同様な関係式を提出している[4)]。

$$D_p \sim \eta_c^{-0.4} \tag{1}$$

式(1)から，分散媒の粘度の高いほどエマルションの液滴径は小さくなることが分かる。

1.2　エマルションの種類

エマルションには，分散媒と分散質の二相からなる単純エマルションと多相からなる複合エマルションがある。たとえば，水と水に溶解しない油から単純エマルションが生成する場合には，油が液滴として連続相の水に分散する水中油滴（O/W）型エマルション，あるいは水が液滴として連続相の油に分散する油中水滴（W/O）型エマルションのどちらかである。前者のエマルションは乳化剤を水に，後者のエマルションは乳化剤を油にそれぞれ溶解あるいは分散した場合に生成することが多い。

一方，複合エマルションの調製は二段階乳化，すなわち，まず単純エマルションを調製し，それを乳化剤などの配合を工夫して乳化剤溶液中で再び撹拌・乳化する方法が用いられている。W/O 型エマルションから調製される W/O/W 型複合エマルションの液滴は，図1に示す

図1　水滴の中に油の液滴が入れ子の状態にある W/O/W 型複合エマルション

ように水滴のなかに油の液滴が入れ子の状態である。ほかに，複合エマルションは転相温度法でも調製でき，O/W/O 型もある。

1.3　エマルションのオストワルド熟成あるいは合一による不安定化

4つの機構でエマルションが不安定化することは第3章の3.3.2節で述べた。ここでは，理論的あるいは実験的な知見が多く得られているオストワルド熟成と合一について簡単に説明する。

Taylor[5]によれば，エマルション中での定常状態でのオストワルド熟成の速度，液滴サイズの時間変化は，Lifshitz と Slezov[6]および Wagner[7]の独立した理論的研究から導出され，式(2)で与えられる。

$$\frac{\mathrm{d}D_{\mathrm{p}}}{\mathrm{d}t}=k_{\mathrm{o}}\frac{Dc_{\infty}\gamma M}{\rho^{2}RT} \tag{2}$$

ここで，k_{o} は定数，D は分散媒に溶解する分散質の拡散係数，c_{∞} は分散質の溶解度，M と ρ はそれぞれ分散質の分子量と密度である。Taylor はこの関係式を幾つかの炭化水素を異なる濃度の SDS 水溶液で，温度を変化させて調製したミクロエマルションについて検討して溶解度を求め，さらに炭化水素の水へ溶解する際の ΔG，ΔH，ΔS を求めている[5]。

DLVO 理論が提出された後，分離圧によるエマルションの乳化膜の安定性を説明するために多くの研究がなされ，エマルションの合一が注目されている[8]。乳化膜の崩壊する確率が膜の表面積に比例すると仮定すれば，合一は式(3)で表される。

$$\frac{1}{D_{\mathrm{p,t}}^{2}}=\frac{1}{D_{\mathrm{p,0}}^{2}}-\frac{8\pi}{3}ft \tag{3}$$

ここで，$D_{\mathrm{p,t}}$ は合一時間 t における液滴サイズ，$D_{\mathrm{p,0}}$ は合一の始まる前の液滴サイズ，f は乳化膜の崩壊する頻度である。

1.4　エマルションの評価法

調製したエマルションを評価するための代表的な方法について，水と油から調製される単純エマルションを例に挙げて述べる。乳化剤によって乳化が促進し，エマルションは分散安定化されるので，油-水界面のみならず，乳化剤水（油）溶液-油（水）界面の界面張力をあらかじめ測定しておく必要がある。

1.4.1　エマルションの型

一般的に，乳化剤を溶解した水あるいは油が連続相になることが多い。エマルションの型，すなわち O/W 型か W/O 型を決定するには希釈法が用いられ，すなわち水あるいは油でエマルションが希釈できるほうが連続相である。

1.4.2　乳化剤の吸着量

乳化が起こるためには，乳化剤が水-油界面に吸着し，界面張力の低下や吸着した乳化剤による保護コロイド効果が生ずるはずである。したがって，乳化剤の吸着量測定が必要となり，連続相に残存した乳化剤の濃度が分かれば，乳化剤の仕込み量との差からその吸着量を求めることができる。特に，クリーミングが起これば，連続相内の乳化剤濃度の決定が容易になる。

1.4.3　エマルションの乳化分率

エマルションを占める分散質の割合は体積分率ϕで表し，乳化分率と呼ぶ。このϕの値によって，エマルションは以下のように分類される。すなわち均一サイズの液滴がランダムに最密充填している$\phi=0.64$を超える場合を濃厚エマルション，さらにϕの値が増して均一サイズの液滴が六方最密充填している$\phi=0.74$を超えると超濃厚，ジャム，あるいはゲルエマルションと呼ばれている。また，ϕの増加に伴い，液滴の形状は球から多角形へと変化することも容易に想像される。

ϕを計算するには分散質の乳化した割合，相対乳化率をあらかじめ求めておく必要がある。相対乳化率は，調製したエマルションを円柱容器などに移し取り，図2に示すような調製後充分な時間経過してクリーミングを起こしたエマルションの相分離状態の観察から求められる。

図2　調製後充分な時間経過したエマルションの相分離状態の写真
乳化剤を増やすとエマルションの相と連続相に分離。

図2では密度の低い油が分散質なので，この写真の円柱容器の相は上から順に乳化されない油相，白濁したエマルションの相，連続相である。乳化剤の量を増やすと下の写真のような相対乳化率が100 %のエマルションの相と連続相に分離する。

1.4.4　エマルションの液滴サイズとその分布

エマルション中の液滴サイズとその分布の評価は，コールターカウンターや光学顕微鏡で可能である。コールターカウンターは，Coulterの電気抵抗を利用した粒子測定原理に基づき開発された測定装置である。つまり，粒子が細孔を通過する際に生じる，2電極間の電気抵抗は通過する粒子の体積に比例するので，細孔を通して流れるエマルションの量を精密に測定することによって，液滴の正確な体積から液滴サイズとその濃度，すなわち液滴サイズの分布が精度良く計測できる。

古典的で汎用な光学顕微鏡による観察は，エマルションの液滴サイズの測定のみならず液滴の形状観察に欠かせない。たとえば，ϕの増加に伴い液滴の形状は円形から多角形を経て六角形へと変化する。また，図3に示すような勾玉型の液滴の存在も確認できる。

エマルションの液滴サイズは均一でない場合が多いので，その分布を考慮して平均的なサイズを計算する必要がある。汎用な平均液滴サイズとして，式(4)で定義されるSauterサイズ$D_{\mathrm{p},32}$がある。

$$D_{\mathrm{p},32}=\frac{\sum n_i D_{\mathrm{p},i}^3}{\sum n_i D_{\mathrm{p},i}^2} \tag{4}$$

ここで，n_iは液滴サイズ$D_{\mathrm{p},i}$の個数である。また，$D_{\mathrm{p},32}$は体積・面積平均サイズとも呼ばれる。

一方，エマルションの液滴サイズの分布の狭い，均一サイズの液滴からなるエマルションを調製する試みが幾つかなされている。Bibetteは，回転・攪拌式の装置を用いてシリコーンオイルを乳化剤（SDS）水溶液で乳化した液滴サイズ分布の広いエマルションを水で希釈後，SDS水溶液で再乳化し，こうして得られたエマルションを再度希釈し，再乳化したSDS水溶

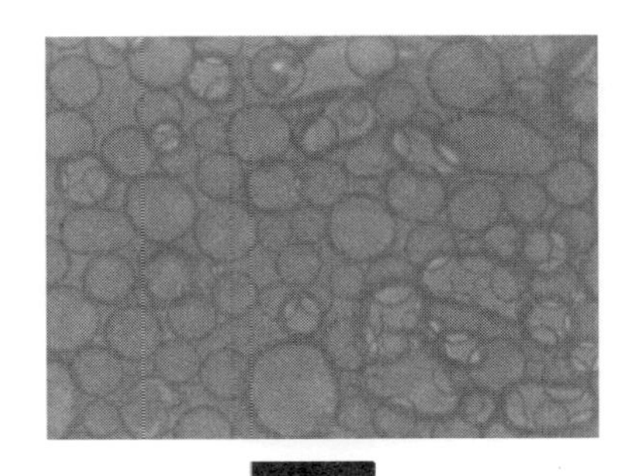

図3　疎水性シリカで調製したエマルション液滴の光学顕微鏡写真

液に比べて高い濃度のSDS水溶液で再々乳化することを繰り返している[9]。つまり，より高い濃度のSDS水溶液で，より希薄なエマルションの乳化を繰り返す分別乳化法を用いて，液滴サイズの揃ったエマルションを調製している。

MasonとBibetteはノニオン性界面活性剤のTergitol NP7水溶液でシリコーンオイルを乳化し，液滴サイズ分布の広いO/W型エマルションを調製後，ギャップ間隔を保った二枚のガラス板[10]あるいは二重円筒[11]を用い$10^3\,s^{-1}$程度のせん断速度を加えて，液滴サイズの揃ったエマルションを得ている。同様の液滴サイズ分布の広いシリコーンオイルエマルションに対して，Mabilleらは二重円筒混合機を用い，異なるせん断速度を加えて液滴サイズが0.3から10 μmの単分散に近いエマルションを調製している[12]。

一方，顕微鏡付きのレオメータのHaake社のレオスコープを使い，HPMC水溶液で調製した広い液滴サイズ分布のシリコーンオイルエマルションをコーンプレートで500 s^{-1}のせん断速度を10分間加えると，図4に示すような液滴サイズ分布の比較的狭いエマルションが得られている[13]。これは，コーンプレート内のせん断速度がその位置に依らず一定であることによる。

Umbanhowarらは先端を細くした毛細管を用いてシリコーンオイルやヘキサデカンを液滴として，回転しているSDS水溶液中に注入する方法を用いて，液滴サイズが2から200 μmの液滴サイズ分布の狭いエマルションを調製している[14]。

1.4.5　エマルションの後方散乱光測定

調製されるエマルションのクリーミングの様子や白濁したエマルションの相が均一であるか否かを評価するには，後方散乱光測定が適している[15]。タービスキャンMA2000では，後方散乱光強度と透過光強度の時間変化が試料の入った円柱管の高さ方向に対して同時測定でき，それぞれの光強度はD_pとϕを用いて式(5)と式(6)で表される。

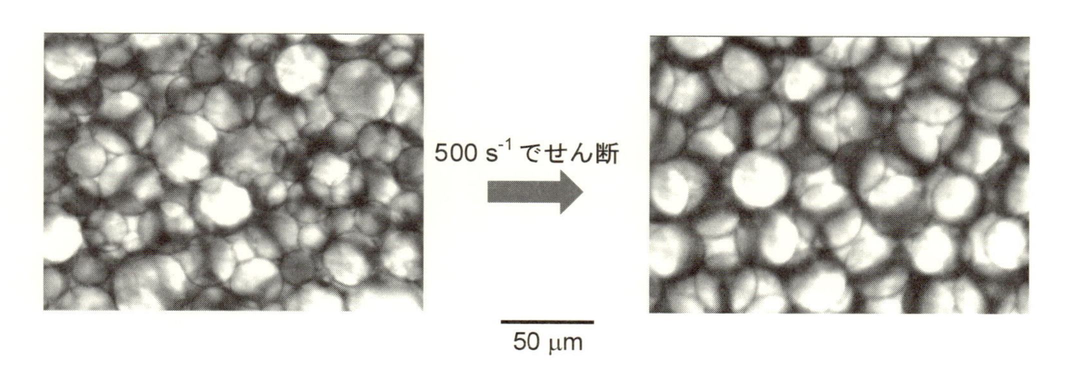

図4　HPMC水溶液で調製したシリコーンオイルエマルションにコーンプレートの中で500 s^{-1}のせん断速度を10分間加えた場合の液滴の変化を示す光学顕微鏡写真

$$後方散乱光強度 \quad \propto \sqrt{\phi/D_p} \tag{5}$$

$$透過光強度 \quad \propto \exp(-r_i\,\phi/D_p) \tag{6}$$

ここで，r_i は円柱管の内径である。

Chanamai と MaClements はタービスキャン MA2000 の後方散乱光測定法を用いて，SDS 水溶液で調製した単分散に近いヘキサデカンエマルションのクリーミング挙動を追跡している[16]。後方散乱光強度と試料の高さ方向のプロットの時間経過，すなわち後方散乱光強度のプロファイルを白濁したエマルションの相，わずかに白濁した中間相，透明な連続相の 3 相に分け，連続相の高さの時間変化から見かけのクリーミング速度 U_c を求めている。U_c の値は ϕ の増加に伴い増大し，U_c と 1 個の剛体球の理想液体中におけるクリーミング速度 $U_{c,\,Stokes}$ の比は，式(7)で表されることが分かっている。

$$\frac{U_c}{U_{c,\,Stokes}} = \left(1-\frac{\phi}{\phi_c}\right)^{k_c\phi_c} \tag{7}$$

ここで，k_c は定数，ϕ_c は液滴が細密充填した場合の乳化分率である。

また，後方散乱光強度のプロファイルから，エマルションの相の均一性の時間変化の検討もできる。図 5a と b に SDS 水溶液および HPMC 水溶液でシリコーンオイルを完全乳化した場合の後方散乱光強度のプロファイルをそれぞれ示す。乳化剤に関係なく，試料の高さの 30 mm までは連続相，エマルションの相は 30 から 58 mm に相当し，時間経過に伴いそれぞれの相の後方散乱光強度は定常値に近づくことが分かる。定常値に達する，すなわちクリーミングの終了する時間は，HPMC で調製したエマルションのほうが SDS の場合より短いことが分かる。これは，前者の液滴サイズが後者に比べて大きいからである。HPMC で調製したエマルションの相の定常値に達した後方散乱光強度が高さ方向に対してほぼ一定であることから，エマルションの平均液滴サイズはその高さによらずほぼ均一であると考えられる。一方，SDS の場合の後方散乱光強度がエマルションの相の上方になるほど減少するのは，エマルションの下相には小さな液滴サイズが，上相には大きな液滴サイズがそれぞれ多く存在する不均一さを示唆している。

1.4.6　エマルションのレオロジー

エマルションの一般的なレオロジー挙動は，図 6 に示すように ϕ の増加に伴い，$\phi=0.64$ を境に粘性から粘弾性へと変化すると考えられている。Mason らは，液滴サイズ分布は狭く，$\phi>0.64$ のシリコーンオイルエマルションの G' が式(8)で表されることを明らかにしている[17]。

$$G' \sim \frac{2\gamma}{D_p}\phi_{eff}(\phi_{eff}-0.64) \tag{8}$$

ここで，ϕ_{eff} は有効乳化分率で，エマルションの液滴を覆う乳化剤の吸着層厚さ d_e を用いると

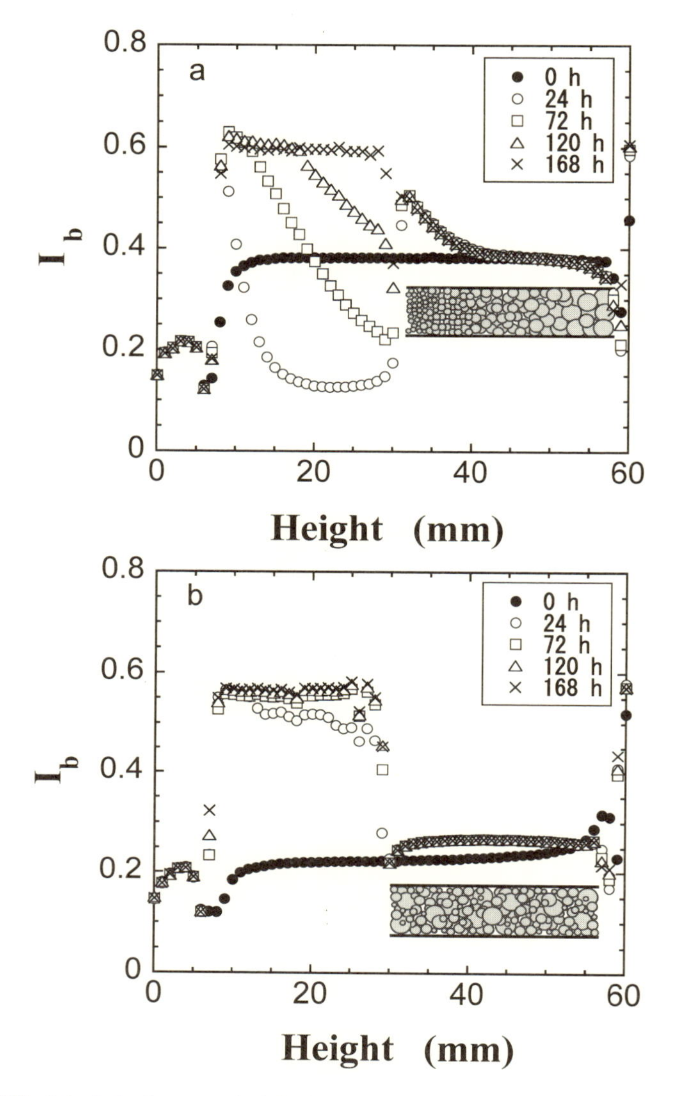

図5　SDS水溶液（a）およびHPMC水溶液（b）で完全乳化したシリコーンオイルエマルションの後方散乱光強度のプロファイルとそれぞれのエマルションの相中の液滴の模式図

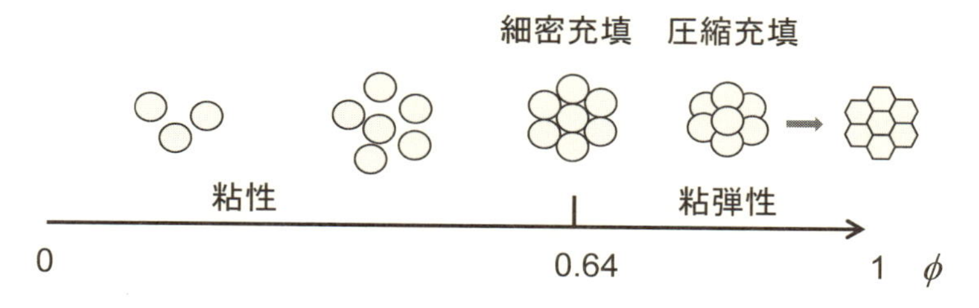

図6　エマルションの液滴の充填状態とエマルションの一般的なレオロジー挙動の模式図

式(9)で表される。

$$\phi_{\mathrm{eff}}=\phi\left(1+\frac{3d_{\mathrm{e}}}{D_{\mathrm{p}}}\right) \tag{9}$$

せん断力によって液滴が合一を起こし，エマルションが不安定化する様子とそのレオロジー挙動を同時に測定するにはレオスコープが有効である。しかしながら，せん断力によって液滴が合一する様子を直接観察した報告は無いが，降伏応力を示すせん断ひずみを境に，せん断方向に沿ってエマルションが流動し始める実験結果は幾つか報告されている[18]。

2　低分子界面活性剤による乳化の事例

種々の低分子界面活性剤によって調製されるエマルションの相対乳化率はその濃度に依存し，低分子界面活性剤による完全乳化（相対乳化率が 100 %）の閾値が cmc あたりであることは良く知られている。ここでは，SDS 水溶液を乳化剤として調製したシリコーンオイルエマルションに着目して述べる。

2.1　SDS によるシリコーンオイルの乳化

SDS 水溶液の cmc は 25 ℃において 8.1 mM で，この cmc を挟む SDS 水溶液で乳化した動粘度の異なるシリコーンオイルのエマルションの評価は，光学顕微鏡観察，後方散乱測定，レオロジー測定などで検討されている[19]。

2.1.1　SDS 濃度の影響

SDS 水溶液濃度の cmc を挟み，3.5，8.1，11.6 mM と変えて，ウルトラディスパーサーを用い，25 ℃にて 8000 回転で 30 分間攪拌して，1 cSt のシリコーンオイルのエマルションが調製されている。SDS 水溶液とシリコーンオイルの γ の値は，水の場合の 36.3 mN/m と比べて低く，SDS 濃度の順に 16.6，9.3，9.4 mN/m である。クリーミングのほぼ終了している乳化一週間後のシリコーンオイルの相対乳化率，ϕ，$D_{\mathrm{p,32}}$ に及ぼす SDS 濃度の影響を表 1 に示す。相対乳化率は cmc 以上で 100 %になり，液滴サイズは SDS 濃度の増加に伴い減少している。

図 7 に 3.5 mM と 8.1 mM の SDS 水溶液から調製し，1 週間経過後のそれぞれのエマルションの後方散乱光強度のプロファイルを示す。図 7 から明らかなようにエマルションの相は高さ

表 1　異なる濃度の SDS 水溶液で調製したシリコーンオイルエマルションの相対乳化率，ϕ，$D_{\mathrm{p,32}}$

SDS 濃度	3.5 mM	8.1 mM	11.6 mM
相対乳化率(%)	95	100	100
ϕ	0.72	0.75	0.71
$D_{\mathrm{p,32}}$(μm)	21.6 ± 5.6	13.7 ± 3.7	11.4 ± 3.1

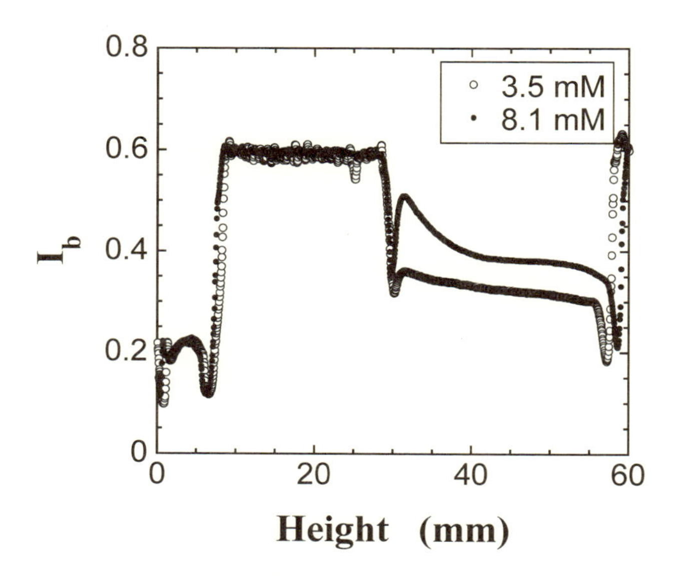

図7　3.5 mM と 8.1 mM の SDS 水溶液で調製し，1 週間経過後のシリコーンエマルションの後方散乱光強度のプロファイル

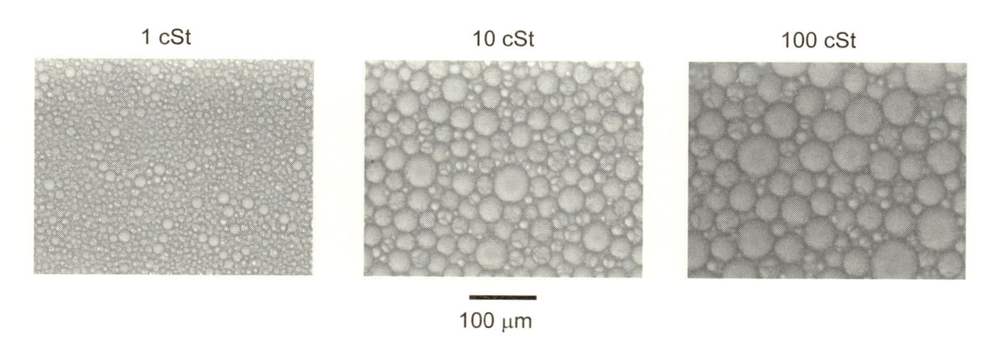

図8　シリコーンオイルの粘度を 1，10，100 cSt に変えて，cmc の SDS 水溶液で調製したシリコーンオイルエマルション液滴の光学顕微鏡写真

30 から 58 mm に相当し，SDS 濃度に関わらずエマルションの相は不均一であるが，その不均一性は SDS 濃度の高いほうが高い。また，11.6 mM の SDS 水溶液から調製したエマルションの不均一性はさらに高いことも分かっている。この不均一性のためにエマルションのレオロジー測定の再現性は充分に保証されていないが，エマルションの流動曲線はシアシニング挙動，すなわちエマルション液滴の配置がせん断によって変化し，流動し易くなることが分かっている。特に，3.5 mM の SDS 水溶液から調製したエマルションの流動曲線は，せん断速度の増加に伴うせん断応力の低下が，他の高い濃度に比べて著しく，せん断による液滴の配置換えが容易に起こっていると思われる。

2. 1. 2　シリコーンオイルの粘度の影響

シリコーンオイルの粘度を1，10，100 cStに変え，cmcのSDS水溶液で調製したエマルションの1週間後の光学顕微鏡写真を図8に示す。シリコーンオイルの粘度に関係なく，相対乳化率は100 %で，液滴サイズに分布があり，$D_{p,32}$はシリコーンオイルの粘度の増加に伴い13.7，29.1，41.6 μmと大きくなっている。この液滴サイズの増大は，分散質の粘度が高いほどせん断によって細かい液滴に分散し難いことによる。

3　高分子による乳化の事例

タンパク質を含む高分子を乳化剤として用いるのは，高分子の繰り返し単位が多様な化学構造のために親水性と親油性のバランスを上手く制御できることと，高分子鎖の絡み合いのために粘弾性を付与できることである。しかしながら，高分子鎖の絡み合いに着目して高分子の乳化効果を検討した事例は少ない。ここでは，C^*を考慮して，ポリオキシエチレンアルキルエーテル[20]，HPMC[19, 21～23]，PNIPAM[24]の水溶液などで調製したエマルションについて述べる。C^*は高分子鎖の溶液中における回転半径R_gと高分子の分子量M_pから式(10)で与えられる。

$$C^* = M_p / [N_A (4/3) \pi R_g^3] \qquad (10)$$

ここで，N_Aはアボガドロ数である。また，C^*は簡便的に高分子溶液の固有粘度の逆数からも計算できる。

3. 1　ポリオキシエチレンアルキルエーテルによる乳化

ポリオキシエチレン（POE）の片末端水酸基をアルキル基で修飾したポリオキシエチレンアルキルエーテル（POE-AE）の水溶液の界面活性は，長さの異なるアルキル基を修飾することによって制御できる。POEの重合度とアルキル鎖の長さを変えた4種類のPOE-AEの水溶液によるヘキサデカンの乳化が，乳化時間を変えて検討されている[20]。重合度10と23のPOEにはラウリル基が，重合度の20と100のPOEにはステアリル基がそれぞれ修飾されている。これらPOE-AEの分子量は低いので，高分子鎖同士の絡み合いを考える必要は無い。ヘキサデカンと0.14 g/100 mLの乳化剤水溶液の界面張力は，POEの重合度の順に0.98，2.0，5.5，10.1 mN/mである。

POE-AEの種類によらず，その濃度を0.14 g/100 mLに固定し，ウルトラディスパーサーを用い，25 ℃にて8000回転で10，60，600，1800秒間攪拌してヘキサデカンエマルションが調製されている。乳化剤の種類によらず，攪拌600秒間で完全乳化して乳化剤の吸着量，ϕ，$D_{p,32}$はそれぞれ一定値に達し，POEの重合度の順に，吸着量は1.96，1.98，1.90，1.11 mg/g，ϕは0.77，0.75，0.75，0.71，そして$D_{p,32}$は22.3，16.6，16.8，30.5 μmと得られている。ここで，

ϕが0.74を超えているエマルションはゲルエマルションに相当する。

ヘキサデカンエマルションの流動曲線は，乳化剤の種類に関係なくシアシニング挙動を示すが，せん断速度が$10\ s^{-1}$を超えるせん断応力は，ヘキサデカンと乳化剤水溶液の界面張力の順に大きくなっている。つまり，POE-AEの吸着量の違いより界面張力の高いほうが，せん断力による液滴の変形を起こし難いのでせん断応力の差を生む。

3.2　HPMCによる乳化

HPMC水溶液によるシリコーンオイルの乳化では，その濃度，分子量，疎水化，シリコーンオイルの粘度の影響について述べる。比較のために，パラフィンオイルのHPMC水溶液による乳化作用についても述べる。

3.2.1　HPMCの濃度の影響

分子量が1.01×10^6のHPMC（信越化学工業製60SH-4000グレード）のC^*（0.145 g/100 mL），$C^*/10$，$C^*/100$の水溶液で1 cStのシリコーンオイルを乳化すると，C^*と$C^*/10$のHPMC水溶液でシリコーンオイルエマルションが調製できる[19]。HPMC濃度$C^*/10$とC^*の順に，界面張力は17.0と16.4 mN/m，相対乳化率は84と100 %，ϕの値は0.61と0.68，$D_{p,32}$の値は58.2と35.9 μm，HPMCの吸着量は0.35と0.61 mg/gである。C^*で完全乳化したエマルションのG'とG''の周波数依存性を図9に示す。G'とG''の周波数依存性は共に弱いことと，G'_0がG''_0より1桁ほど高いことから，このエマルションはゲルとして振る舞う固体的粘弾性体で

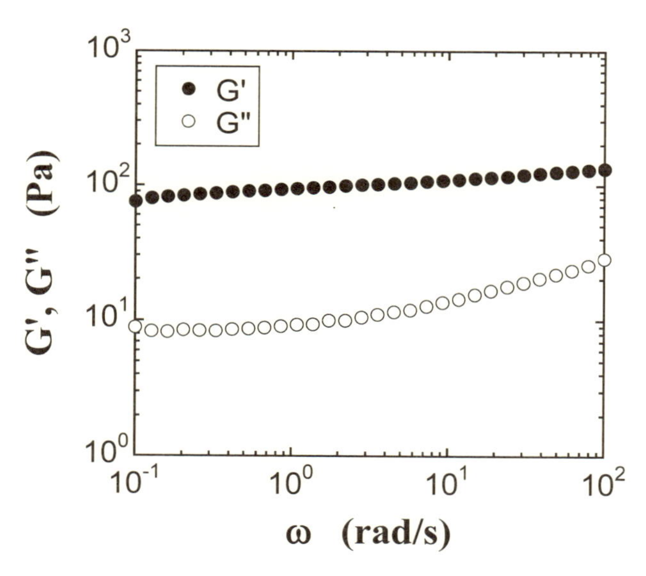

図9　C^*のHPMC水溶液で完全乳化したシリコーンオイルエマルションのG'とG''の周波数依存性

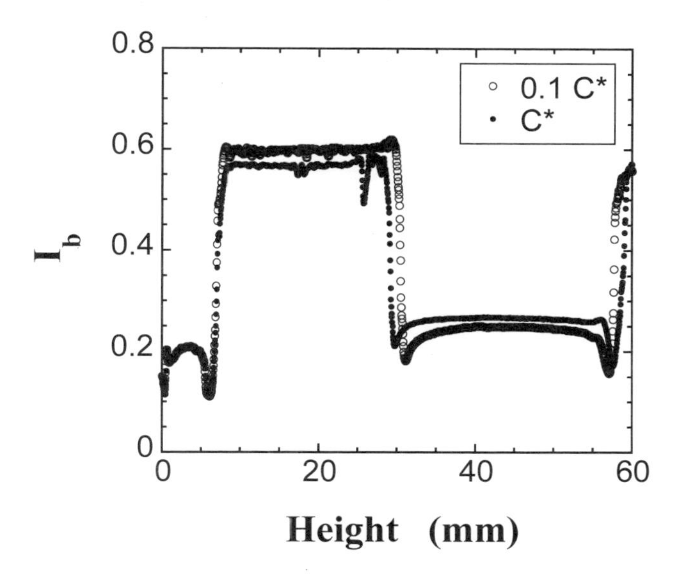

図 10　$C^*/10$ と C^* の HPMC 水溶液で調製し，1 週間経過後のシリコーンオイルエマルションの後方散乱光強度のプロファイル

あるが，ϕ が 0.74 を超えてないのでゲルエマルションではない。

図 10 に $C^*/10$ と C^* の HPMC 水溶液から調製し，1 週間経過後のエマルションの後方散乱光強度のプロファイルを示す。HPMC 濃度に関わらずエマルションの相の高さは 30 から 58 mm に相当し，それぞれのエマルションの相からの散乱強度はその高さによらずほぼ同じであるからエマルションの相はほぼ均一であるが，その強度は C^* のほうが $C^*/10$ に比べて高い。この違いは式(5)に従い，C^* で乳化したエマルションのほうが，ϕ の値は高く，$D_{p,32}$ の値は低いことから理解できる。

シリコーンオイルの乳化と同じ HPMC を用いてパラフィンオイルを乳化すると，$C^*/20$ 以上の濃度の HPMC 水溶液でパラフィンオイルは完全乳化した[21)]。また，HPMC 濃度の順に，ϕ は 0.72 から 0.74 に増加し，$D_{p,32}$ は 184.6 から 104.0 μm に減少している。シリコーンオイルの場合に比べて液滴サイズが大きいのは，パラフィンオイルと HPMC 水溶液の界面張力が HPMC 濃度の順に 20.2 から 19.1 mN/m，パラフィンオイルの粘度が 19.6 cSt と，シリコーンオイルの場合に比べて共に高いことによる。

パラフィンオイルエマルションの G' と G'' の周波数依存性はシリコーンオイルの場合と同じであるが，G'_0 と G''_0 の絶対値はシリコーンオイルエマルションの 1/3 以下である。この違いは，液滴サイズがシリコーンオイルの場合に比べて 3 倍ほど大きく，界面張力が少し高いために，$2\gamma/D_p$ の値がシリコーンオイルの場合の 1/3 以下になるからである。

3. 2. 2　HPMC の分子量の影響

分子量が 71.4×10^3，193×10^3，388×10^3，1012×10^3 の HPMC（分子量の順に信越化学工業

製 60SH-5，60SH-50，60SH-400，60SH-4000 グレード）の濃度 0.5 g/100 mL（全ての HPMC に対して C^* 以上）の水溶液で，1 cSt のシリコーンオイルが乳化されている[22)]。調製 72 時間後の ϕ は分子量に関係なく 0.72，$D_{p,32}$ は HPMC の分子量の順に 31.8，37.4，43.7，44.6 μm である。液滴サイズが分子量の増加に伴い大きくなることは，連続相の粘度の増加に伴い液滴サイズの減少を予測する式(1)と一致しない。この違いは，同じ濃度であるために高い分子量ほど高分子鎖の絡み合い効果が強くなり，シリコーンオイルの微細化が難しくなることによる。

エマルションの流動曲線はシアシニング挙動を示し，せん断応力は HPMC 分子量の増加に伴いわずかに大きくなるが，連続相の粘度でエマルションの見かけ粘度を割った相対粘度 η_r は，分子量の増加に伴い減少する。一方，エマルションの G' と G'' の周波数依存性は分子量に関係なく共に弱く，G'_0 は G''_0 より高いが，G'_0 と G''_0 は HPMC の分子量の増加に伴いわずかに減少している。

3. 2. 3　HPMC の疎水化の影響

HPMC をわずかに疎水化した HPMC-S[25)] の水溶液の表面張力は，第4章の 2.1.1 節で述べたように HPMC 水溶液に比べて 1.7 mN/m ほど低い。したがって，疎水化によって，シリコーンオイルと C^* の HPMC-S 水溶液の界面張力は HPMC-水溶液の場合に比べて低いが，HPMC-S の C^* の 0.14 g/100 mL は HPMC の C^*（0.10 g/100 mL）より高くなっている。

HPMC と HPMC-S の 0.5C^*，0.75C^*，C^*，1.25C^*，1.5C^* のそれぞれの水溶液で，1 cSt のシリコーンオイルを乳化した3日後の ϕ，$D_{p,32}$，そして高分子の吸着量を表2に示す[26)]。疎水化によって ϕ と $D_{p,32}$ は共に低下し，吸着量は増加することが分かる。$D_{p,32}$ が低く，吸着量が高くなるのは界面張力の低下による。一方，疎水化によって ϕ が下がるのは高分子鎖が剛直になるためである。

図 11 と図 12 に HPMC と HPMC-S の C^* で調製したそれぞれのエマルションのレオスコープで測定した応力-ひずみ曲線と，幾つかのひずみにおける液滴の顕微鏡画像を示す。それぞれの応力-ひずみ曲線には明らかな降伏応力が観察され，降伏応力は HPMC-S で乳化するほうが HPMC の場合より高い。乳化剤濃度を変えても同様な結果が得られている。

エマルションの液滴は，乳化剤の種類に関係なく降伏応力を超えるまで，せん断によってほ

表2　異なる濃度の HPMC あるいは HPMC-S 水溶液で調製した3日後のシリコーンオイルエマルションの ϕ，$D_{p,32}$，乳化剤の吸着量 A_d，線形領域における動的粘弾性率

高分子濃度	HPMC					HPMC-S				
	ϕ	$D_{p,32}$(μm)	A_d(g/cm^2)	G'_0(Pa)	G''_0(Pa)	ϕ	$D_{p,32}$(μm)	A_d(g/cm^2)	G'_0(Pa)	G''_0(Pa)
0.5 C^*	0.67	61.0	1.5×10^{-4}	84.5	9.86	0.63	49.2	3.7×10^{-4}	94.4	9.51
0.75 C^*	0.67	58.5	4.8×10^{-4}	82.6	9.28	0.66	46.2	5.1×10^{-4}	117.5	13.1
C^*	0.63	55.5	5.0×10^{-4}	99.0	9.94	0.60	46.0	5.5×10^{-4}	134.3	14.7
1.25 C^*	0.65	54.8	4.5×10^{-4}	92.0	11.2	0.63	44.5	4.5×10^{-4}	159.6	16.7
1.5 C^*	0.63	49.5	3.1×10^{-4}	112.8	14.3	0.61	45.5	5.5×10^{-4}	177.0	24.3

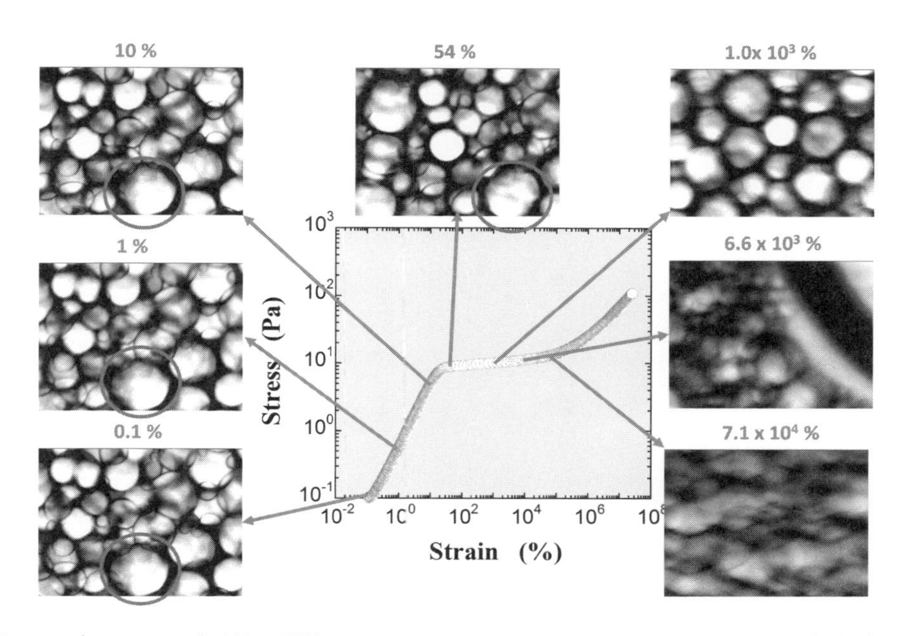

図 11　C^* の HPMC 水溶液で調製したシリコーンオイルエマルションのレオスコープで測定した応力-ひずみ曲線と幾つかのひずみにおける液滴の顕微鏡画像

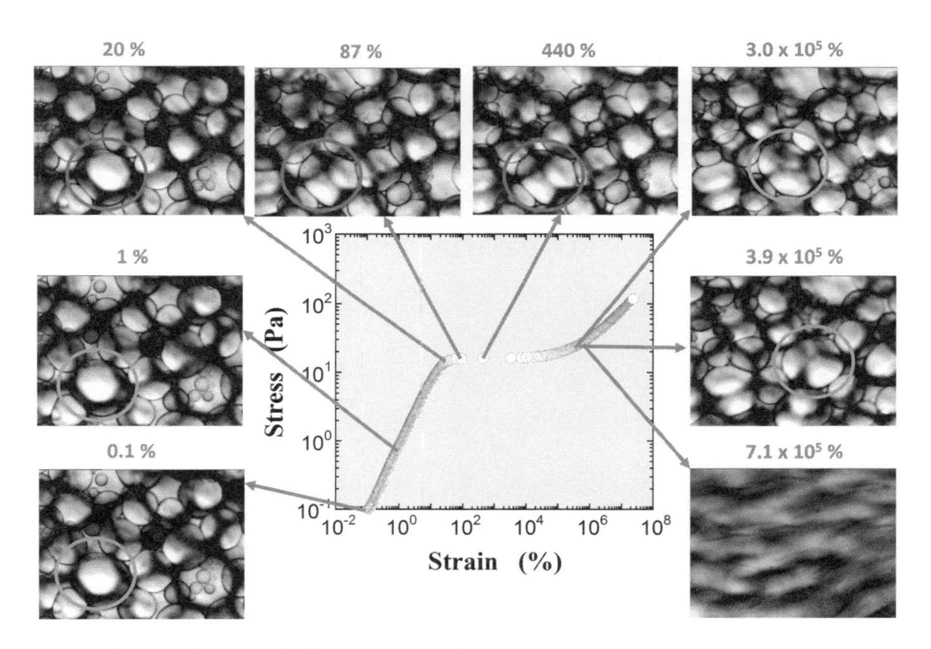

図 12　C^* の HPMC-S 水溶液で調製したシリコーンオイルエマルションのレオスコープで測定した応力-ひずみ曲線と幾つかのひずみにおける液滴の顕微鏡画像

とんど動かないことが分かる。ひずみが 10^3 %を超えると，HPMCで調製したエマルションの液滴画像はせん断方向に沿って早く流れるために不鮮明になる。

一方，HPMC-Sの場合の液滴画像は 3.9×10^5 %のひずみまで鮮明で，ひずみが440から 3.9×10^5 %までの範囲でエマルション液滴はわずかに動くだけである。これは，シリコーンオイル表面に吸着するHPMC-Sの疎水性相互作用のために，エマルションがより弾性的になっていることを示唆している。また，HPMC-Sで乳化されるエマルションがより弾性的であることは，図12の応力-ひずみ曲線の線形領域が図11に比べて広いことと，表2に示す G'_0 が高いことからも支持される。つまり，HPMC-Sで調製したエマルションはHPMCの場合に比べて，せん断によって液滴の配置の変化が起こり難いことを示唆している。

3.2.4　シリコーンオイルの粘度の影響

分子量 388×10^3 のHPMCの濃度0.5 g/100 mL水溶液を用い，1，10，100，1000 cStの異なる粘度のシリコーンオイルの乳化が撹拌時間を変えて検討されている[23]。撹拌時間の増加と共に $D_{p,32}$ は減少し，HPMCの吸着量は増加するが，両者はオイルの粘度に関係なく撹拌時間20分でそれぞれほぼ一定値に達することが分かっている。表3に撹拌時間20分の $D_{p,32}$ とHPMCの吸着量がまとめてあり，オイルの粘度の増加に伴い前者はSDSの場合と同じように増大し，後者は減少する。なお，ϕ はオイルの粘度に関係なく0.72である。

撹拌時間20分のエマルション相の流動曲線は，オイルの粘度に関わらずシアシニング挙動を示すが，オイルの粘度の増加に伴い，シアシニング性はより強くなり，せん断によって液滴の配置の変化は容易に起こることを示唆している。一方，エマルション相の G' と G'' の周波数依存性はオイルの粘度に関係なく弱く，表3に示すように G'_0 と G''_0 はオイルの粘度の増加に伴い減少する。つまり，オイルの粘度が増すとオイルの分画がし難くなり大きなサイズの液滴が生成することと，HPMCの吸着量が減少すると吸着したHPMC鎖の絡み合い効果が低下することによりエマルションの粘弾性は減少する。

3.3　PNIPAMによる乳化

側鎖にイソプロピル基を含むPNIPAM水溶液は，界面活性を示すと共に，32℃付近に下限臨界溶解温度（LCST）を有する。したがって，PNIPAM水溶液は32℃を超えると白濁し始

表3　異なる粘度のシリコーンオイルをHPMC水溶液で調製した3日後のシリコーンオイルエマルションの $D_{p,32}$，HPMCの吸着量，線形領域における動的粘弾性率

シリコーンオイルの粘度(cSt)	1	10	100	1000
$D_{p,32}$(μm)	37.6±6.4	45.3±9.0	60.7±14.4	85.9±22.4
HPMCの吸着量(mg/g)	0.460	0.308	0.258	0.208
G'_0 at 1 rad/s(Pa)	123	74.1	49.7	24.0
G''_0 at 1 rad/s(Pa)	16.6	11.7	9.14	7.86

め，PNIPAM は沈殿する。しかしながら，PNIPAM 水溶液の LCST が室温よりわずかに上なので，その乳化作用の温度の影響を検討するのに都合が良い。

3. 3. 1　濃度と分子量の影響

分子量が 830×10^3，1.54×10^6，10.1×10^6 の PNIPAM の水溶液濃度を 0.1，0.25，0.5 g/100 mL，C^*，$2C^*$ と変えて 1cSt のシリコーンオイルを乳化すると[24]，分子量に依らず C^* 以上において完全乳化したシリコーンオイルエマルションが得られる。ただし，C^* の値は分子量の順に 0.85，0.62，0.23 g/100 mL である。PNIPAM 水溶液とシリコーンオイルの界面張力は分子量にほとんど関係なく 12.5 mN/m で，HPMC 水溶液の場合に比べて 4 mN/m ほど低い。

調製したエマルションはクリーミングを起こし，調製 1 日後に ϕ はほとんど一定になるが，分子量に関係なく $2C^*$ の場合を除いて，エマルションの液滴は時間経過に伴う液滴サイズの不安定化を起こしている[24]。その一例として，図 13 に分子量 1.54×10^6 の C^* と $2C^*$ の PNIPAM 水溶液で調製したエマルション液滴の光学顕微鏡写真の時間変化を示す。ただし，観察像は定点観測したものではないが，図から明らかなように，C^* で調製した液滴には時間経過に伴い小さなサイズの液滴の数が減り，大きなサイズの液滴の数が増える液滴サイズの不安定化が起きている。この不安定化の要因はシリコーンオイルが水にほとんど溶解しないことから，オストワルド熟成ではなく合一であると考えられる。そこで，式(3)に従い解析したが，液滴サイズの二乗の逆数と経過時間のプロットに直線関係は得られていない[24]。

さらに，液滴サイズの不安定化を起こさない $2C^*$ で調製したエマルションの液滴観察，PNIPAM の吸着量測定，流動曲線，応力-ひずみ曲線，G' と G'' の周波数依存性が検討されている。エマルションの液滴サイズは PNIPAM の分子量の順に 41.1，35.7，37.9 μm，同じく

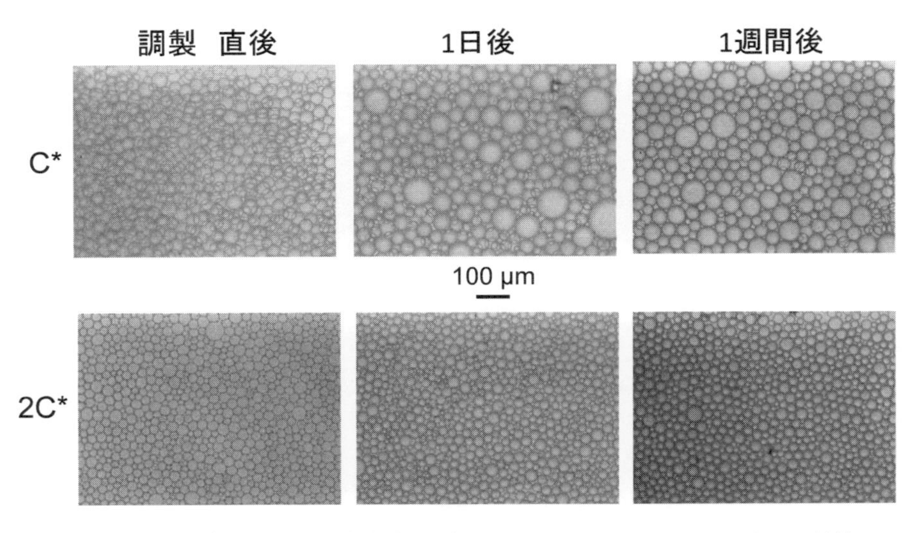

図 13　C^* と $2C^*$ の PNIPAM 水溶液で調製したシリコーンオイルエマルション液滴の時間変化の光学顕微鏡写真

PNIPAMの吸着量は1.64，1.78，1.55 mg/gとなり，共に分子量依存性は弱い。しかしながら，その吸着量はHPMC-Sに比べて2倍ほど高く，これは，PNIPAMのほうが高い界面活性を示すことによる。

流動曲線は分子量に関係なくシアシニング挙動を示し，η_rは分子量の増加に伴い高くなっている。応力-ひずみ曲線は分子量に依存し，最も低い分子量で調製したエマルションを除き，降伏応力が観察され，その値は分子量の高いほうが大きい。また，10^4 %を超える高いひずみにおいて，応力が分子量の増加に伴い減少するのは，高い分子量ほどひずみによる液滴の配置状態の一部崩壊が早く進むことを示唆している。

一方，G'とG''の周波数依存性に分子量依存性が観察され，最も高い分子量で調製したエマルションのG'とG''の周波数依存性は他の分子量の場合に比べて弱い。また，G'_0がG''_0に比べて大きく，tan δは1以下となり，tan δが分子量の増加に伴い減少していることは，最も高い分子量で調製したエマルションが最も固体的粘弾性体であることを示唆し，応力-ひずみ曲線の結果を支持している。

3.3.2　温度の影響

分子量が1810×10^3のC^*のPNIPAM水溶液で調製したシリコーンオイルエマルションについて，レオスコープにて温度を変えてエマルションの応力-ひずみ曲線が求められている[13]。図14に温度を16，25，31.5℃と変化した場合の応力-ひずみ曲線と幾つかのひずみにおける

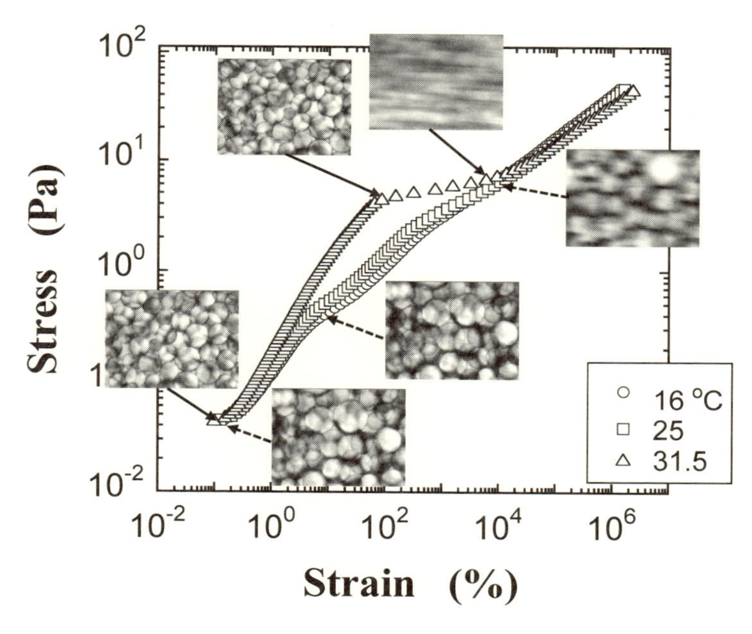

図14　16，25，31.5℃と変化した場合のC^*のPNIPAM水溶液で調製したシリコーンエマルションの応力-ひずみ曲線と幾つかのひずみにおける液滴の光学顕微鏡画像

液滴の顕微鏡画像を示す。温度上昇に伴い降伏応力の値と，降伏応力を与えるひずみの臨界ひずみは共に増大する。これは，温度増加に伴いPNIPAM鎖の柔軟性が失われ，鎖が剛直になるためである。さらに，温度を上昇しながら液滴の変化を観察したところ，LCSTを超える32.5℃では液滴の合一は一切観察されず，33.5℃になると合一が始まり，34.8℃に温度を保ち放置すると合一を経て油と水に分離することも分かっている[13)]。

4　固体粒子による乳化の事例

固体粒子によってコロイド分散系を調製した最初の研究例は，Ramsdenがタンパク質粒子のproteidsで起泡し，その泡沫の分散安定性を検討したものである[27)]。しかしながら，Ramsdenはproteidsが油-水界面にも吸着することを予測しながら，エマルションの調製を試みていない。そのために，固体粒子が乳化剤と同じ役目を果たし，水に濡れ易い固体粒子でO/Wエマルションが調製できることを最初に明らかにしたPickering[28)]の名を冠とするPickeringエマルションが，固体粒子で調製されるエマルションの名称として広く用いられている。

固体粒子による乳化作用に固体粒子の油-水界面における接触角が重要であると結論されるまでには，Finkleら[29)]やSchulmanとLeja[30)]の研究を待たねばならなかった。SchulmanとLejaによって，油-水界面での親水性固体粒子と疎水性固体粒子の接触角は，それぞれ90度以下および90度以上であることが明らかにされている。ここでは，シリカ粒子単独，凝集構造を制御した固体粒子，界面活性剤の吸着した酸化チタン粒子，高分子の吸着したシリカ粒子などのサスペンションで調製したエマルションについて述べる。

4.1　固体粒子を乳化剤に用いる効能は何か

図15に示す親水性あるいは疎水性の半径r_sの固体粒子が油-水界面に吸着する際のそれぞれの自由エネルギー変化ΔG_sは，固体粒子と水に対する接触角（θ_{sw}）と油-水界面の界面張力γ_{ow}を用いると，それぞれ式⑾および式⑿で定義される[31, 32)]。

$$\Delta G_S = \pi r_S^2 \gamma_{OW} (1 - \cos\theta_{SW})^2 \tag{11}$$

$$\Delta G_S = \pi r_S^2 \gamma_{OW} (1 + \cos\theta_{SW})^2 \tag{12}$$

たとえば，式⑾に$r_s = 10$ nm，$\gamma_{ow} = 50$ mN/m，$\theta_{sw} = 90°$を仮定して計算されるΔG_sは1.6×10^{-17} Jとなり，25℃の熱エネルギー$kT = 4 \times 10^{-21}$ Jに比べて3桁以上大きい。このことは，吸着した固体粒子を脱着するには高いエネルギーが必要であり，固体粒子の吸着によって調製されるエマルションの分散安定性は高く，固体粒子が乳化剤として有効であることを示唆している。

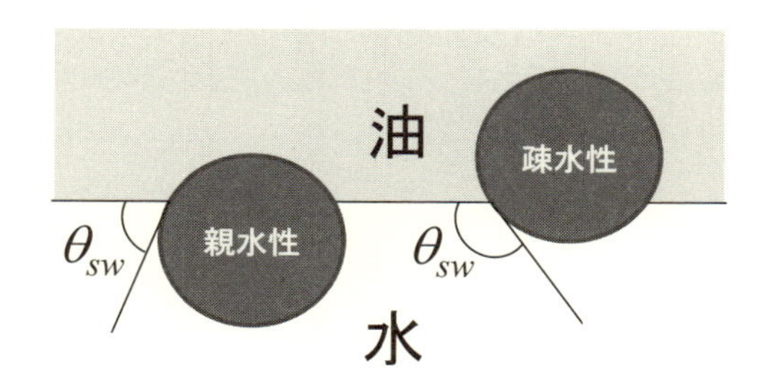

図15　油-水界面に親水性と疎水性固体粒子が接触角 θ_{SW} で吸着した模式図

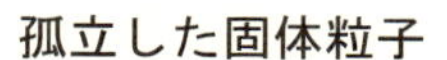

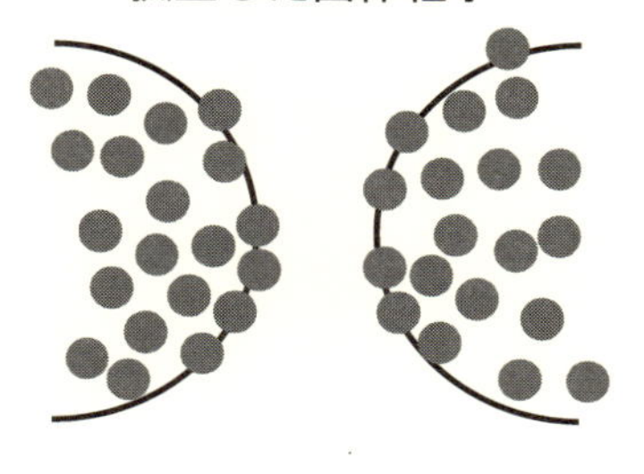

拡散律速凝集した固体粒子

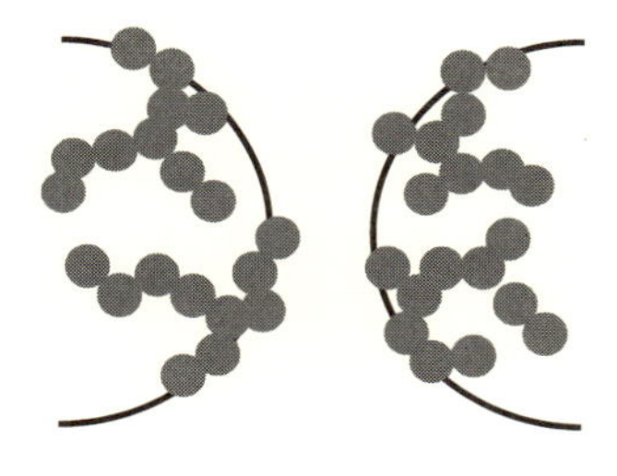

反応律速凝集した固体粒子

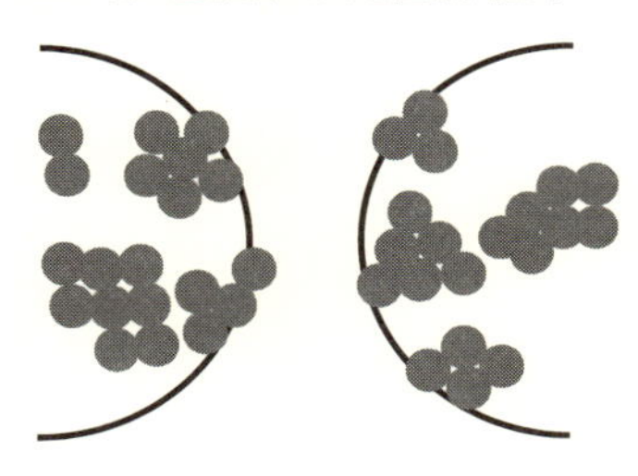

図16　固体粒子の異なる凝集状態での液滴表面における吸着状態を示す模式図

固体粒子の凝集状態は固体粒子による乳化作用に強く影響するはずなので，あらかじめ懸濁液中における固体粒子の分散状態を理解しておく必要がある。固体粒子の分散状態の違いによって，図16に示すような3つの液滴表面への吸着様式が考えられる。ゾルの場合には固体粒子は粒子同士の凝集を起こさず孤立した状態で吸着する。一方，固体粒子が凝集している場合には凝集様式[33]に従い，拡散の支配する急速凝集が律則する粗い凝集構造のフラクタル構造（拡散律速凝集構造），あるいは緩慢凝集が律則する密な凝集構造（反応律速凝集構造）をそれぞれ維持して吸着する。したがって，固体粒子の凝集構造を維持して吸着すると，液滴表面に固体粒子の網目構造が形成され，網目構造のために固体粒子の有効的な半径は大きくなり，式(11)あるいは式(12)の ΔG_s は増大し，固体粒子が孤立した状態で吸着する場合に比べて，エマルションの分散安定性はより向上することが予想される。また，固体粒子に中性塩，界面活性剤，あるいは高分子が共存し，その一部が吸着する場合には，吸着による固体粒子の凝集構造の変化も充分に把握する必要がある。

4.2 シリカ粒子単独による乳化

シリカ粒子の凝集構造はその合成法によって変化する。つまり，Stöber法[34]によって調製されるコロイダルシリカは凝集せずにゾル状態を，一方，乾式法あるいは湿式法で合成されるシリカ粒子は，表面に存在するシラノール基のために空気中で容易に凝集を起こし[35]，その凝集構造はフラクタル構造を有する凝集体となる。また，この凝集体のフラクタル構造は分散媒に分散しても簡単に崩壊しないことも良く知られている[36]。ここでは，乾式法で合成される親水性ヒュームドシリカのAerosil 130を水に，一方，Aerosil 130の表面シラノール基をジメチル基で一部化学修飾した疎水性ヒュームドシリカのAerosil R-972を1 cStのシリコーンオイルにそれぞれ分散したサスペンションを用い，前者で1 cStのシリコーンオイルを[37]，後者で水を[38]乳化した場合について述べる。

4.2.1 親水性シリカによる乳化

30 gの水に0.15から0.9 gのAerosil 130を含むシリカサスペンションで調製したシリコーンエマルションは，1ヶ月後にオイル液滴の合一が始まり，最終的には水とオイルに分離するが，比較的再現性の良い調製1週間後のエマルションの特性について検討されている[37]。シリカの添加量に伴い液滴サイズは減少し，シリカは一般の乳化剤と似た乳化作用を示すが，シリカは液滴表面に全く吸着していないことと，サスペンションとオイルの界面張力は水とオイルの場合と全く同じであることから，このサスペンションには界面活性能の無いことが分かっている。したがって，ここでエマルションが生成したのは，せん断によって微細化されたオイル液滴は，壊れ難いフラクタル構造を維持したシリカ粒子の凝集体によって一時的に取り囲まれるためと考えられる。

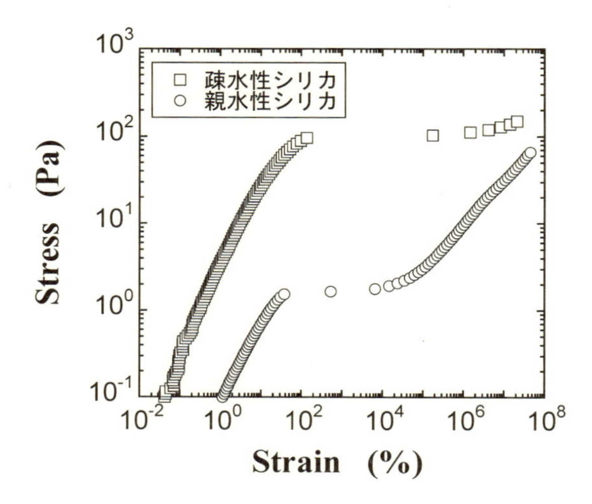

図17　疎水性シリカあるいは親水性シリカのサスペンションで調製したエマルションの応力-ひずみ曲線

4.2.2　疎水性シリカによる乳化

10 g のシリコーンオイルに 0.05 から 0.3 g の Aerosil R-972 を加えた疎水性シリカサスペンションで，水が完全乳化されたエマルションは，調製後半年以上経過しても液滴の合一を全く起こさず安定であったが，図3に示すように円形の液滴の中に勾玉に似た形状のものが含まれている[38)]。シリカの添加量の増加に伴い，ϕ と $D_{p,32}$ は共に減少し，シリカの吸着量は増加し，応力-ひずみ曲線から得られる降伏応力と臨界ひずみは共に増加している。

図17に 0.3 g の疎水性シリカあるいは親水性シリカのサスペンションで調製したエマルションの応力-ひずみ曲線（共に調製1週間後のエマルション）を示す。エマルションの型は異なるが，どちらも降伏応力を示す。前者は後者に比べて低いひずみで応力が観察され，2桁ほど高い降伏応力を示し，疎水性シリカの吸着によってかなり剛直なエマルションが調製されている。また，前者が高分子で乳化されたエマルション（図11と図12）に比べてかなり固いエマルションであることは，G' と G'' の周波数依存性がほとんど無く，G'_0 が 10^3 Pa に近いことからも支持される。

4.3　凝集構造を制御した固体粒子による乳化

固体粒子の凝集構造の違いにより，乳化作用が制御されることは既に述べた。粒子が単独で水に分散しているコロイダルシリカやポリスチレンラテックスなどのサスペンションは，中性塩の添加量によって凝集構造が制御されることは良く知られている。すなわち低い塩濃度では反応律速凝集構造に，一方，高い塩濃度では拡散律速凝集構造になる。ここでは，コロイダルシリカあるいはポリスチレンラテックスに異なる濃度の NaCl 水溶液を加えてそれぞれのサスペンションの凝集構造を制御し，前者とアジピン酸ジイソプロピルを[39]，後者とメチル基の一部がアミン化されているシリコーンオイルを[40]攪拌混合した場合について述べる。

4. 3. 1　コロイダルシリカによる乳化

異なる濃度のNaCl水溶液添加によるコロイダルシリカの粒径サイズの変化から，その臨界凝集濃度（cfc）を0.3 M NaClとした。0.15 gのコロイダルシリカを含み，0.3 Mを挟む異なる濃度のNaCl水溶液サスペンション20 mLを，アジピン酸ジイソプロピル10 mLと混合すると，全てのNaCl濃度においてO/Wエマルションが得られ，それらエマルションの$D_{p,32}$，シリカの吸着量，レオロジー挙動はcfcを境に変化した。$D_{p,32}$とシリカの吸着量は共にcfcまでに低下し，cfcを超えるとわずかに増加した。一方，エマルションの応力-ひずみ曲線から得られる降伏応力と臨界ひずみは，cfcを超えると共に増大し，その降伏応力は10^2 Paに近く，高分子で乳化した場合（図11および図12）に比べて1桁ほど高い。

4. 3. 2　ポリスチレンラテックスによる乳化

NaClの添加量を変えて測定されるラテックス粒子のζ電位と粒子サイズは，共にNaCl濃度の増加に伴い増大した。特に，0.2 M NaClでのラテックス粒子のサイズ分布は大きな凝集体を含む二様となり，この濃度をcfcとした。したがって，cfc以上の濃度においてラテックス粒子は拡散律速凝集構造を有する。NaCl濃度を変えて凝集構造を制御したラテックス粒子0.2 g含むサスペンション20 mLと，メチル基の一部がアミン化されているシリコーンオイル10 mLを混合すると，NaCl濃度に関係なくW/Oエマルションの液滴の肥大化が必ず起こり，その肥大化は調製後1週間以内で定常状態に達している。水の相対乳化率はNaCl濃度に関係なく100 %となり，液滴の肥大化の始まる時間はNaCl濃度の増加に伴い低下し，0.1 M以上でほぼ一定となり，その時間は乳化後約45時間である。この肥大化の様子を光学顕微鏡と共焦点レーザー走査顕微鏡（CLSM）を用いて観察すると，肥大化が定常状態に達した$D_{p,32}$はNaCl濃度の増加に伴い減少し，0.2 Mを超えるとほぼ一定（90 μm）となり，ϕの値はNaCl濃度に関係なく0.67であった。

図18にcfcで凝集したラテックスサスペンションで調製したエマルションの液滴の経時変化の光学顕微鏡観察像と，液滴を輪切りにしたCLSM観察像をそれぞれ示す。光学顕微鏡観察から，液滴の肥大化は1時間以内で急激に進むことが分かる。一方，CLSM観察像から，肥大化前のエマルションの相に凝集したラテックス粒子の存在は確認できるが，液滴自身の存在が確認できないのは液滴が小さいことによる。また，肥大化後にラテックス粒子が液滴表面に吸着していることと，連続相に凝集したラテックス粒子の存在が少ないことも分かる。これは，凝集したラテックス粒子の多くは液滴表面に吸着していることを示唆している。

図19に調製2週間後のエマルションの液滴を輪切りにしたCLSM観察像を重ね合わせた像を示す。NaCl濃度がcfcを超えると，ラテックス粒子の凝集構造は粗くなり，凝集構造は拡散律速凝集で制御されていることが分かる。一方，0.1 M以下のNaClを添加したラテックス

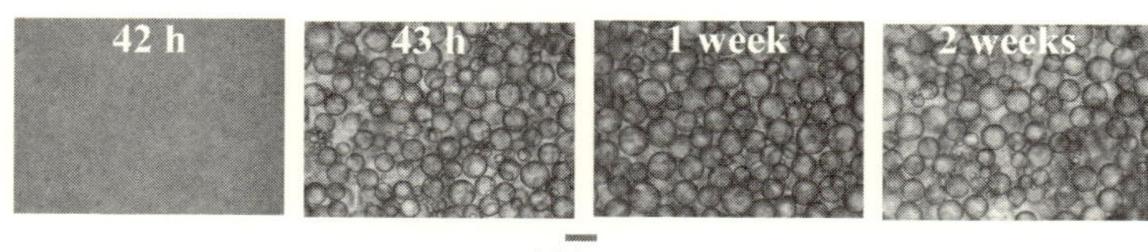

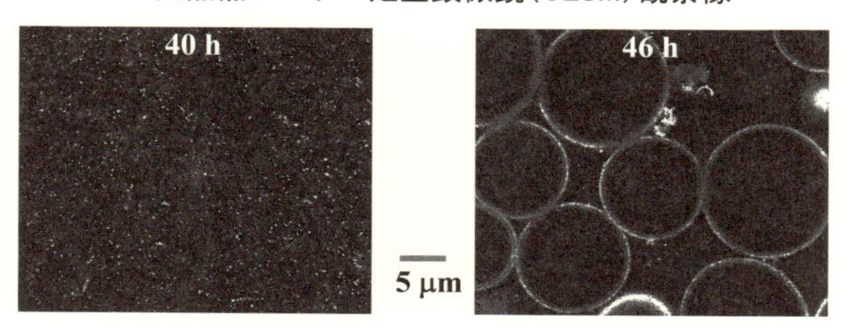

図18　0.2 M NaCl を添加したポリスチレンラテックスサスペンションで調製したエマルションの液滴の経時変化の光学顕微鏡観察像と液滴を輪切りにした CLSM 観察像

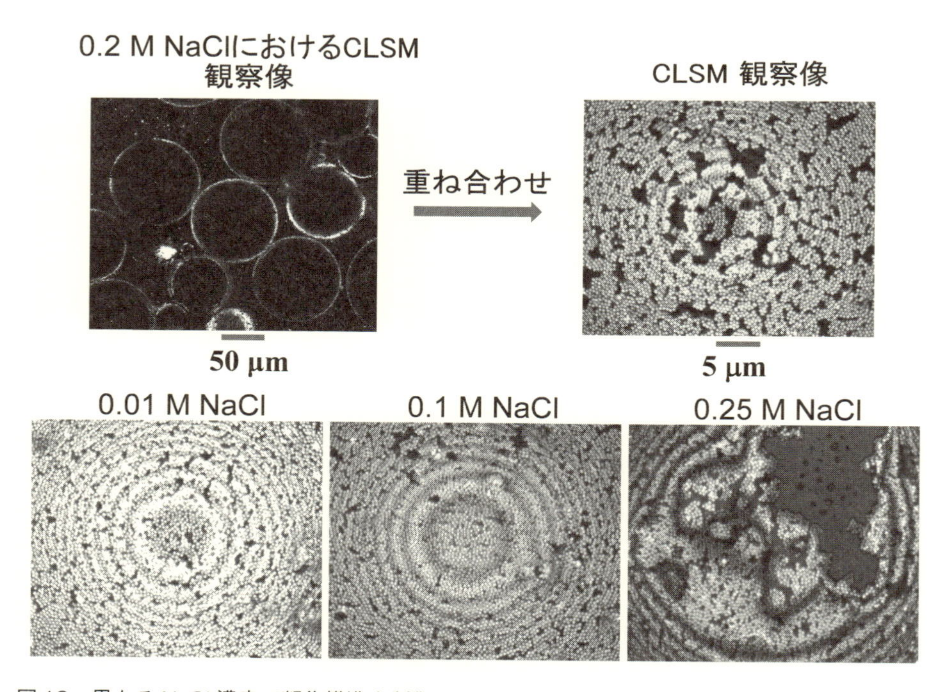

図19　異なる NaCl 濃度で凝集構造を制御したポリスチレンラテックスサスペンションで調製したエマルションの２週間後の液滴を輪切りにした CLSM 観察像を重ね合わせた像

粒子で調製したエマルションに吸着したラテックス粒子は，密に凝集し，その凝集構造は反応律速凝集で制御されていることが明らかである。これらCLSM観察像は，異なるNaCl濃度で制御されたラテックス粒子の凝集構造が，液滴表面に吸着しても維持されていることを示唆している。

4.4 界面活性剤の吸着した酸化チタン粒子による乳化

凝集構造を制御した固体粒子表面に界面活性剤を吸着したサスペンションの乳化作用は，界面活性剤あるいは固体粒子単独の場合に比べ，優れていると考えられる。ここでは，乳化作用の全く無いフラクタル凝集構造を有する酸化チタンサスペンションに，SDS水溶液単独ではシリコーンオイルを乳化できない低い濃度のSDS水溶液を添加して，SDSが静電的相互作用で吸着した酸化チタンサスペンションによる1 cStのシリコーンオイルの乳化作用について述べる[41)]。

SDS濃度をcmcの1/50以下にして，0.15 gの親水性酸化チタンに吸着させたところ，全てのSDSは酸化チタン表面に吸着することが分かった。一方，0.15 gの酸化チタンを含むcmcの$1/10^3$から1/50までのSDS水溶液サスペンションで，シリコーンオイルは完全乳化された。SDS濃度がcmcの$1/10^3$，$1/10^2$，1/50の順に，酸化チタンの吸着量は3.81，9.29，10.6 mg/gと増え，$D_{p,32}$は109.8，55.5，64.4 μmと変化している。この吸着量と液滴サイズから計算される酸化チタン粒子による液滴表面の被覆率は1を超え，このことはSDSの吸着したチタン粒子が三次元網目構造を形成して，オイル表面に吸着していることを示唆している。

エマルションの応力-ひずみ曲線はSDS濃度に関わらず降伏応力を示し，その値はSDS濃度の増加に伴い増大し，10^2 Paを超えている。一方，動的粘弾性測定の結果から，SDS濃度にほとんど関係なく線形領域の振動ひずみ範囲は0.1 %以下で，G'_0は10^3 Paを超え，その値はSDS濃度の増加に伴い増大し，G'の周波数依存性はほとんど無い。つまり，SDSの吸着した酸化チタンサスペンションから調製したエマルションは，界面活性剤あるいは固体粒子単独で乳化されるエマルションに比べてかなり剛直であることが分かる。

4.5 高分子の吸着したシリカサスペンションによる乳化

シリカサスペンション単独で調製したエマルションにおいて，親水性シリカのAerosil 130サスペンションでは分散安定性の低下[37)]，疎水性シリカのAerosil R-972の場合では液滴形状の不安定化[38)]がそれぞれ観察され，それらの乳化作用は充分でない。そこで，粒子の凝集構造を変えず，PNIPAMを吸着させたAerosil 130[42)]あるいはAerosil R-972シリカサスペンション[38)]による1 cStのシリコーンオイルの乳化作用が検討されている。ただし，PNIPAM濃度は，PNIPAM水溶液単独でのシリコーンオイルに対する乳化作用の全く無い，0.00125から0.1 g/100 mLである。

4. 5. 1　PNIPAMの吸着した親水性シリカサスペンションによる乳化

20 g の水に0.00025から0.02 g のPNIPAMを溶解した水溶液に，0.3 g の Aerosil 130を分散して親水性シリカサスペンションを調製し，PNIPAMのシリカへの吸着量を求めたところ，高分子吸着の特徴である高親和力のために添加したPNIPAMはすべての濃度においてほとんど吸着した。また，PNIPAMの最大吸着量（0.067（g/g））は飽和吸着量の1/2以下であることも分かっている[37]。

PNIPAMの吸着量の異なるAerosil 130サスペンションで調製したシリコーンオイルエマルションの相対乳化率は，PNIPAMの添加量が最も低い0.00025 g の場合（89 %）を除き100 %となり，ϕは表4に示すようにPNIPAMの添加量の増加に伴い減少している。一方，図20の光学顕微鏡観察像から明らかなように，PNIPAMの添加量の増加に伴い液滴サイズは1桁ほど減少している（$D_{p,32}$は表4にまとめてある）。同様な結果が，同じシリカにHPMCをあらかじめ吸着させたサスペンションでシリコーンオイルを乳化した場合にも得られている[43]。これら液滴サイズの変化は，界面活性剤，高分子，あるいはAerosil 130の添加量を変えて調製したエマルションの場合に比べて極めて大きい。

PNIPAMの添加量が0，0.003，0.01，0.02 g のサスペンションで調製したエマルションの応力-ひずみ曲線を図21に示す。PNIPAMの添加量の増加に伴い応力の測定されるひずみ範囲が2桁以上下がり，降伏応力は1桁以上上がることが分かる。しかしながら，臨界ひずみは添加量によってほとんど変化しない。このことは，PNIPAMの添加によってエマルションの剛直性は増すが，その柔軟性はほとんど変わらないことを示唆している。また，G'_0がPNIPAMの添加によって最大2桁程度増大することも分かっている[42]。

4. 5. 2　PNIPAMの吸着した疎水性シリカサスペンションによる乳化

Aerosil 130シリカの場合と同じ割合で，PNIPAMをAerosil R-972シリカに吸着させて疎水性シリカサスペンションを調製したところ，Aerosil 130シリカの場合と同様に，PNIPAMはその添加量に関係なくほとんど吸着し，未吸着のPNIPAMを含まないサスペンションが得られた。これらのサスペンションでシリコーンオイルを乳化すると，シリカ単独の場合と異なりPNIPAMの添加量に関わらず，O/Wエマルションが得られた。相対乳化率はPNIPAMの添加量が最も高い0.02 g の場合（82 %）を除きほぼ100 %であり，ϕは表4に示すように親水性シリカサスペンションの場合と同様，PNIPAMの添加量の増加に伴い減少しているが，その値は親水性シリカサスペンションの場合に比べて高く，より密に液滴がエマルションに充填されていることを示唆している。

一方，図20に示す液滴には，PNIPAMを添加しても勾玉状の液滴の存在が確認されるので，液滴の形状は余り改善されていないことが分かる。また，PNIPAMの添加量の増加に伴い液滴サイズの減少傾向は認められるが，親水性シリカサスペンションの場合ほどではない。これらのことは，PNIPAMを添加してもシリカの吸着量がほとんど変化しないことに関係してい

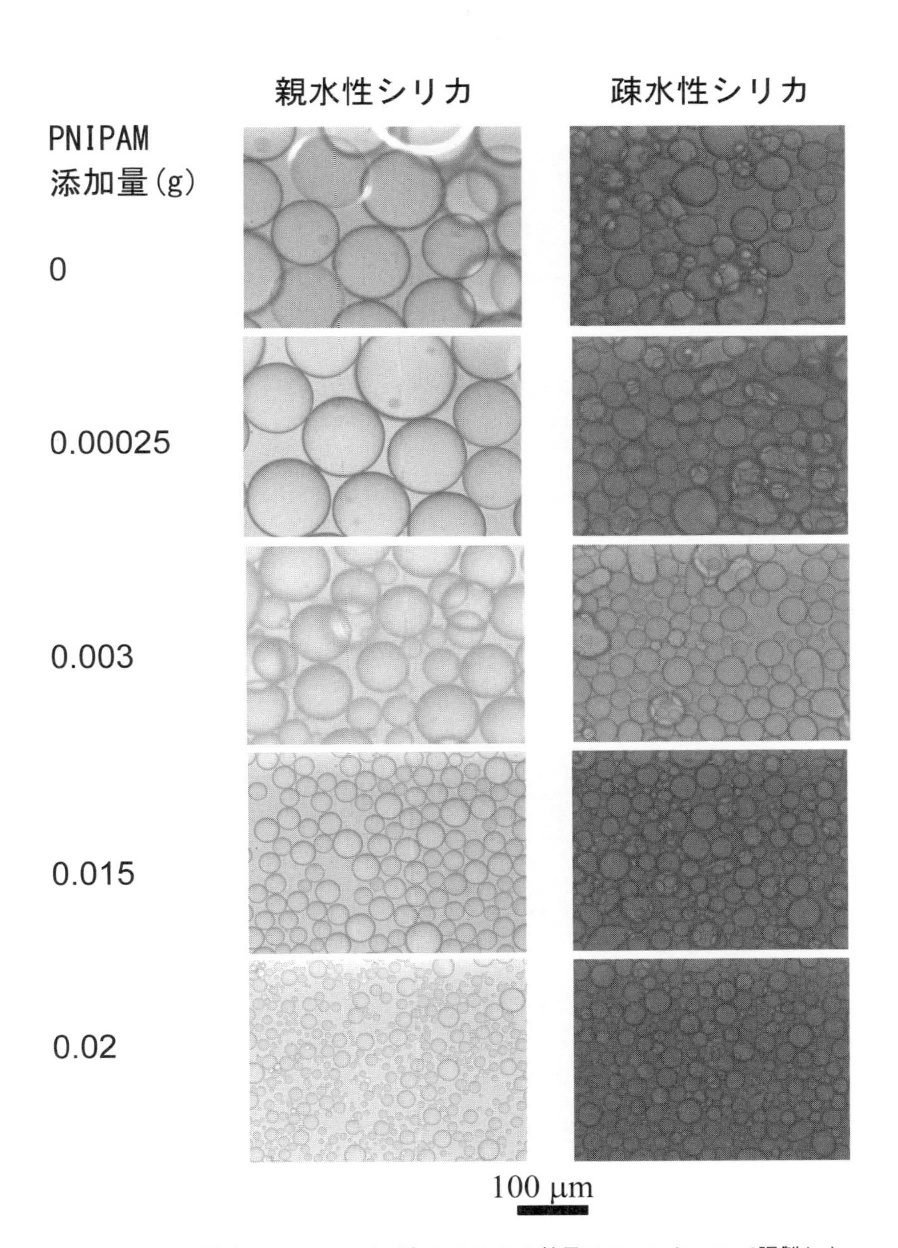

図20 異なる濃度のPNIPAMを添加したシリカ粒子サスペンションで調製したシリコーンオイルエマルション液滴の光学顕微鏡写真
疎水性シリカサスペンションのみで調製したエマルションはW/O型である。

表4　PNIPAMを吸着した親水性あるいは疎水性シリカサスペンションで調製したエマルションのϕ，乳化剤の吸着量A_d，$D_{p,32}$

PNIPAM添加量(g)	ϕ	A_d(mg/g)	$D_{p,32}$(μm)	ϕ	A_d(mg/g)	$D_{p,32}$(μm)
		親水性			疎水性	
0	0.93	0.0	122	0.67	15.0	46.0
0.00025	0.84	0.4	125	0.94	13.4	34.8
0.001	0.79	2.6	146	0.90	12.6	34.8
0.003	0.74	4.2	85.3	0.84	12.6	34.9
0.01	0.68	10.8	30.5	0.87	13.6	34.4
0.015	0.63	14.6	19.3	0.74	19.2	26.8
0.02	0.57	17.9	15.7	0.62	26.8	24.0

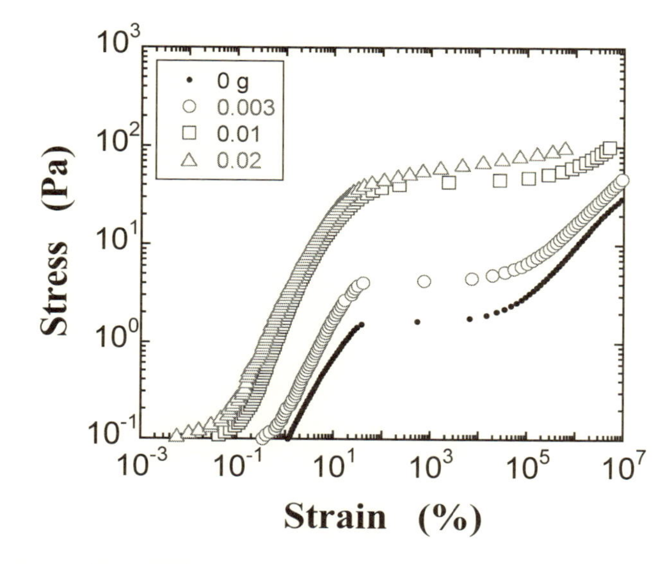

図21　PNIPAMの添加量が0，0.003，0.01，0.02 gの親水性シリカサスペンションで調製したシリコーンオイルエマルションの応力-ひずみ曲線

る。

PNIPAMの添加量が0，0.00025，0.003，0.02 gのシリカサスペンションで調製したエマルションの応力-ひずみ曲線を図22に示す。PNIPAMの添加量が最も低いサスペンションから調製したエマルションの応力-ひずみ曲線は，PNIPAMの添加量が最大の場合とほぼ同じで，その降伏応力はシリカ単独のサスペンションの場合に比べて2倍ほど大きい。また，PNIPAMを添加することによって降伏応力は10^2 Paを超え，PNIPAMの吸着した親水性シリカサスペンションの場合（図21）に比べて2倍以上も大きい。さらに，エマルションのG'とG''の周波数依存性は親水性シリカサスペンションの場合に比べて弱く，G'_0は10^3 Paを超え，親水性シリカサスペンションの場合の最大値より1桁以上大きい[38,42]。以上のことから，シリカの種

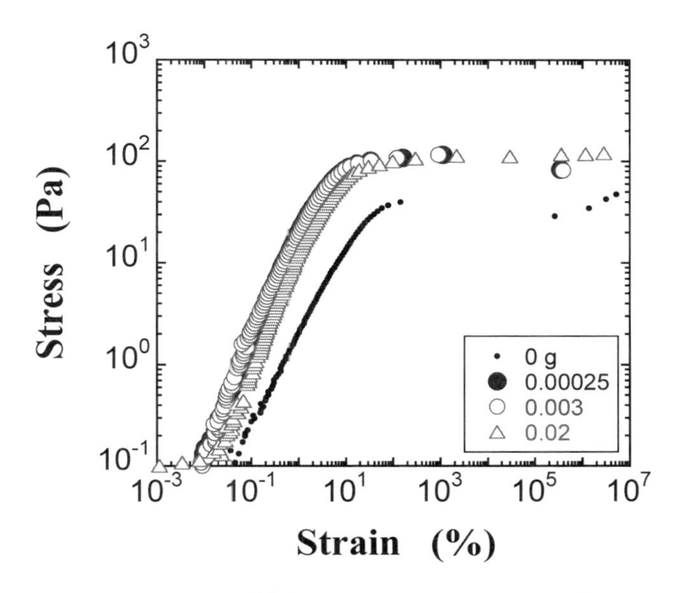

図 22　PNIPAM の添加量が 0 の疎水性シリカサスペンションで調製した W/O エマルションとその添加量が 0.00025，0.003，0.02 g の疎水性シリカサスペンションで調製したシリコーンエマルションの応力-ひずみ曲線

類に関係なく PNIPAM の吸着によって液滴サイズは低下し，降伏応力と G'_0 は共に高くなることが分かる。

5　エマルションの応用とその事例

エマルションの応用事例として，化粧用クリームの安定化，食品乳化物への応用，懸濁重合への応用について述べる。

5.1　化粧用クリームの安定化

化粧用のクリームは，ワックス，酸化安定性に優れる長鎖脂肪酸のアルコールエステルであるワックスエステル，肌からの水分蒸発を抑制する油膜形成に優れるオリーブ油，ステアリン酸の脂肪酸など水に溶けない油分を乳化したものである。油分を直接肌に塗布すると独特のぬめり感がいつまでも保持されたり，油分が滴たったりするなどの不具合が発生することから，化粧用クリームは O/W あるいは W/O エマルションとして使用されることが多い。いずれの場合も低分子界面活性剤による油あるいは水を乳化する手法が古くから知られている[44]。また，HPMC や HPMC-S を利用する技術[45]も開発されている。その後，肌への浸透の効能を向上すべく nm オーダーの微細な液滴を得るための高圧分散法が利用されている[46]。

ところが，低分子界面活性剤で調製されるエマルションは，その界面活性剤によってアレルギーを起こす肌に対しては有効でない。一方，界面活性のある水溶性高分子のみでは所望のnm オーダーの液滴分散を行えない場合がある。そこで，上述した固体粒子を用いて乳化する技術で調製した化粧用クリームが開発され[47~50)]，その1例を図23に示す。

低分子界面活性剤を用いず安定に乳化する方法として，コロイド性含水ケイ酸塩と平均分子量 10^3 から 10^4 の PEG を用いた高圧分散が提案され，酸化チタンなどの無機微粒子を分散安定化した UV ケアー用クリームが商品化されている[51)]。前山らはこのコロイド性含水ケイ酸塩を利用したエマルションのレオロジー挙動および凍結乾燥体の観察を検討し，エマルションは高圧分散した板状のコロイド性含水ケイ酸塩のカードハウス構造によってクリーム状となり，大きな変形を与えると可逆的にカードハウス構造は破壊され，その破壊の程度は吸着した PEG によって制御されていることを明らかにしている[52)]。

セルロースを2,2,6,6-テトラメチピペジニル-1-オキシラジカル（以下 TEMPO と略す）

理論的予測モデル

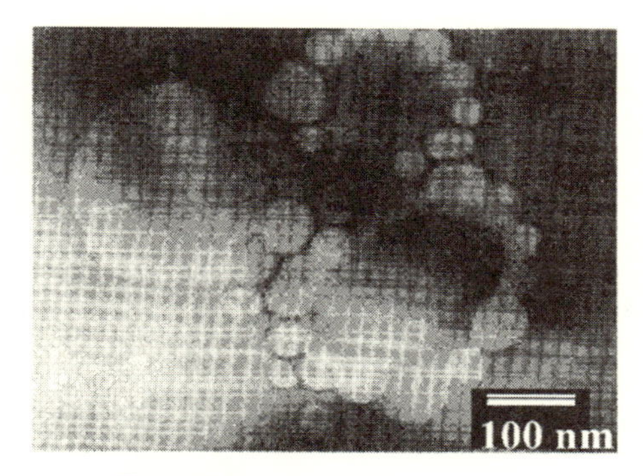

電子顕微鏡によるエマルション粒子

図23　ナノ微粒子による油滴の分散安定化
出典：田嶋和夫，神奈川大学工学研究所所報，**30**，85-89，2007-11

にて酸化処理したTEMPO酸化セルロースの塩を，水中で湿式加圧あるいは摩砕分散して得られるTOCNと呼ばれる幅数nm程度のナノセルロースは，流動パラフイン，スクワラン，オリーブ油，ジメチコン，シクロメチコン，トリオクタン酸グリセリル，ホホバ油などに界面活性剤なしで乳化できる[53]。また，水分散した0.2 wt%の結晶セルロースを200 Mpaにて60回の高圧対抗衝後，370 Gにて10分間遠心分離することによってマイクロサイズの残渣を取り除いたものに，同一容積のシクロヘキサンを加えて超音波処理すると，1週間以上分散安定性を維持するPickeringエマルションが形成されるとの報告もある[54]。このように固体粒子による乳化によって，アレルギー肌に優しい化粧用クリームを今後広く展開されていくことが期待される。

5.2　食品乳化物への応用

食品乳化物を得るために使用される界面活性剤は，食品用乳化剤と呼ばれている。これら食品用乳化剤は，飲んでも安全であるとの確認がなされていないと使用できない。合成系添加物の中で国内の食品添加物公定書において認可されているのは，グリセリンおよびポリグリセリンの脂肪酸エステル，ショ糖脂肪酸エステル，ソルビタン脂肪酸エステル，プロピレングリコール脂肪酸エステル，ポリソルベートである。一方，天然の食品用乳化剤としてレシチン類，サポニン類，ステロール類が知られている。

近年，低分子量の食品用乳化剤で乳化される食品に，界面活性や熱可逆ゲル性の食品添加物のMCを併用することにより，さらに安定化できることが分かっている。たとえば，市販のケーキ菓子中に内包されている乳化物であるカスタード系クリームの安定化について，MCを乳化剤に加えた場合と，乳化剤のみの場合の温度変化に対する粘度を計測した例を図24に示す。図24から明らかなように，乳化剤のみのクリームは低温で急激な粘度増加を示すのに対して，MCと乳化剤を含むクリームの粘度は低温から25℃の室温に至るまで大きく変化していない。つまり，MCの添加によって，冷蔵庫に保存しても同様な食感のクリームとして味わうことができることを示唆している。

5.3　懸濁重合への応用

懸濁重合は，液体である重合用のモノマーを水中に懸濁分散した後に，重合開始剤の投入によって重合し，停止剤の投入によって重合を停止し，水溶液中に重合粒子を形成した後に水分を蒸発乾燥して重合粒子を得る方法である。この重合方法では比較的均一な粒子が形成され，重合粒子はそのまま溶融状態にして押し出し成形や射出成型に使用される。溶融しても成型体に適正な柔軟さが付与できない場合や成型が困難な場合には，可塑剤を添加して成型される。懸濁重合した粒子は完全に緻密な粒子でなく，ブドウの房のように小さい粒子同士の間に空間のある，いわゆる「無数の空孔のある凝集粒子体」である。たとえば，成型加工の際に可塑剤

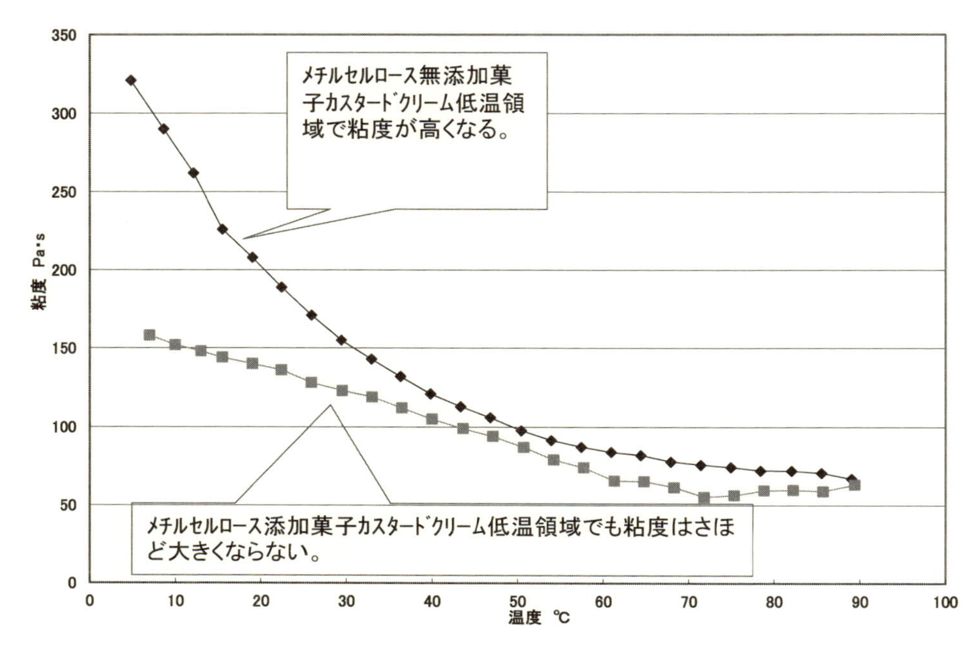

図24　市販のケーキ菓子中のカスタードクリームの粘度と温度の関係

の添加を必要とする塩化ビニールの懸濁重合では，重合粒子への可塑剤の吸収性を制御できる粒子形成が行われている。

塩化ビニールの懸濁重合に分散剤として利用されるポリビニルアルコール（PVA）(図25)の界面活性は，ケン化度が低いほど高い（図26）ことが分かっている[55]。懸濁分散した塩ビモノマー液滴の中に重合開始剤が入り込んでいく重合率0.1％未満の状況（図27）では，開始剤は分散した各々の塩化ビニールモノマー液滴に均一に入りこみ，均一に重合を開始する必要があるので，分散剤としてのPVAの保護コロイド性は低く，その界面張力は高い方が良い[55]。

モノマーの液滴中で重合が進み，重合率が0.1％以上30％未満までの状態（図28）では，重合塩ビ粒子（一次粒子と呼ばれる）はモノマーには溶解しないので1 μm程度の粒子として液滴中に生成する。さらに，モノマー液滴間で合一と再分散が起きるようになると，液滴中に生成した一次粒子同士は融着しないで適度な網目構造を形成する。このような網目構造ができると，塩ビ粒子に適正な空隙ができて可塑剤を吸収しやすい粒子となる。したがって，この段階におけるPVAの保護コロイド性は低いのでモノマー液滴は合一し易いが，合一後に分散し易くするためには，界面活性の高いPVAが適している[55]。

さらに重合が進み，重合率が30％以上（図29）では，液滴内の一次粒子の網目構造のために液滴は容易に分散できず，液滴同士の凝集のみが生じ最終粒子となる。この粗粒となる凝集

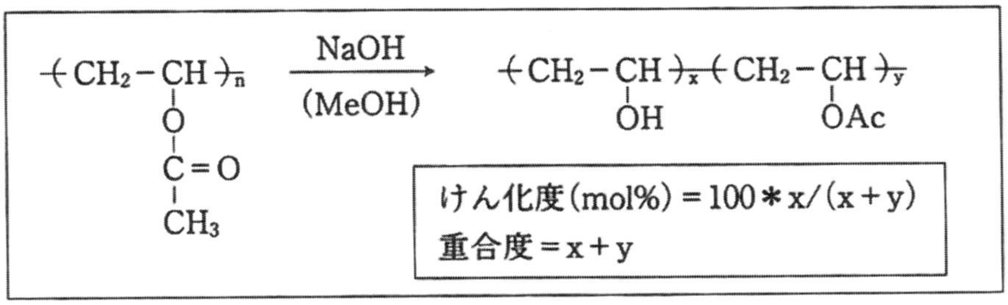

$$-\!\!\left(CH_2-\underset{\underset{\underset{\underset{CH_3}{|}}{C=O}}{\underset{|}{O}}}{CH}\right)_n \xrightarrow[(MeOH)]{NaOH} -\!\!\left(CH_2-\underset{OH}{CH}\right)_x\!\!-\!\!\left(CH_2-\underset{OAc}{CH}\right)_y$$

けん化度(mol%) = 100 * x/(x + y)

重合度 = x + y

図25　ポリビニルアルコールの構造

出典：高田重喜，懸濁重合における粒子径制御* 均一化と不具合対策・機能性粒子調製技術，サイエンス＆テクノロジー，p33，図12（2014）

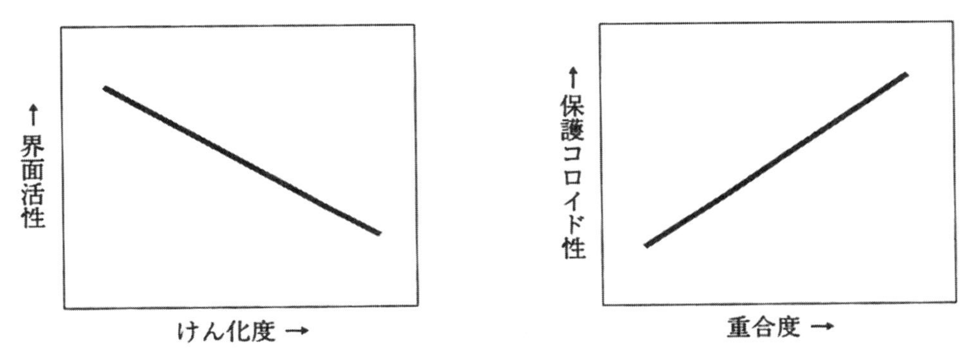

図26　ポリビニルアルコールの界面活性と保護コロイド性

出典：高田重喜，懸濁重合における粒子径制御* 均一化と不具合対策・機能性粒子調製技術，サイエンス＆テクノロジー，p33，図13（2014）

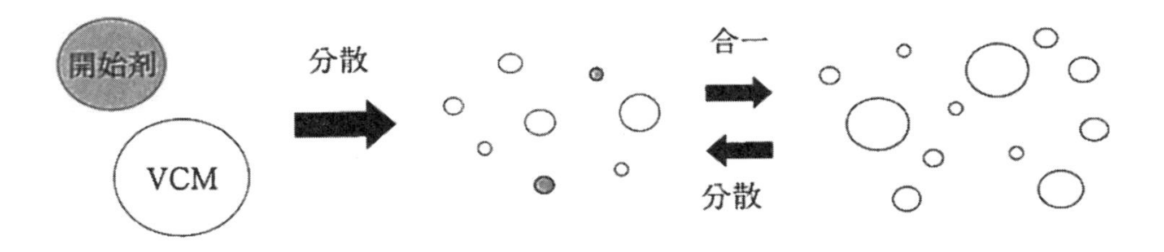

保護コロイド性：低　界面活性：高　⇒　開始剤分布均一

保護コロイド性：高　界面活性：低　⇒　開始剤分布不均一

⇒異常重合粒子（FE）の生成

図27　塩化ビニール懸濁重合率0.1％未満　ほとんどまだ重合してない段階

出典：高田重喜，懸濁重合における粒子径制御* 均一化と不具合対策・機能性粒子調製技術，サイエンス＆テクノロジー，pP34，図14（2014）

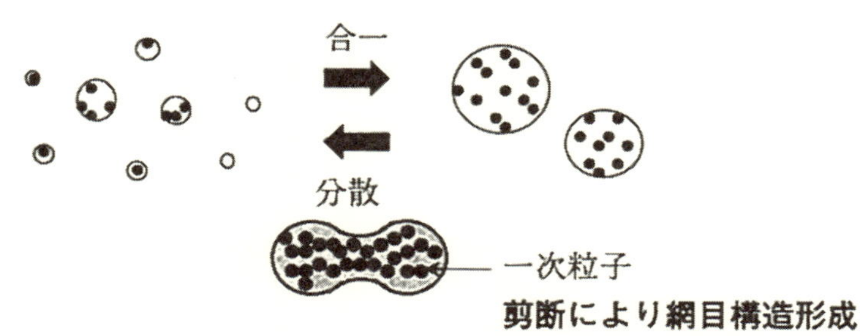

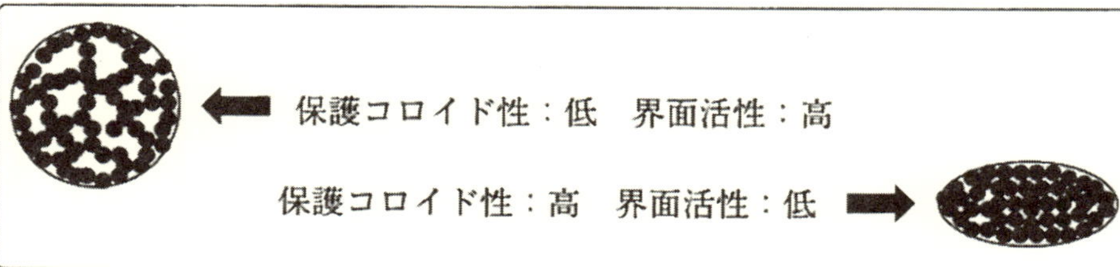

図28　塩化ビニール懸濁重合率0.1-30％　重合粒子がモノマー液滴の中にたくさんできていくが，同時にそのモノマー液滴間でも合一分散が起こる

出典：高田重喜，懸濁重合における粒子径制御* 均一化と不具合対策・機能性粒子調製技術，サイエンス＆テクノロジー，p34，図15（2014）

図29　塩化ビニール懸濁重合率＞30％ モノマー液滴内や表面に一次粒子が集まってきて，その状態で分裂と合一凝集が起こる

出典：高田重喜，懸濁重合における粒子径制御* 均一化と不具合対策・機能性粒子調製技術，サイエンス＆テクノロジー，p35，図16（2014）

を抑制するためには，保護コロイド性と界面活性の高いPVAが有効である。このように，重合過程ごとに要求されるPVAの特性は異なるが，実際には重合開始時にPVAは一括仕込みされている。したがって，重合槽の攪拌条件を加味し，設備と要求特性に応じたPVAの組み合わせの処方が重要である[55]。

また，塩化ビニールの懸濁重合における分散剤として，MC，HPMCなどのセルロースエーテルが使われる場合もある[56]。塩化ビニールの懸濁重合において，重合促進のために懸濁系の温度を上げると，モノマー液滴に吸着したセルロースエーテルは，第4章の図25に示す表面ゲル化現象を起こし易くなり，より強固な保護コロイド効果を発揮すると考えられている。実際の懸濁重合では，所望の塩化ビニールの粒子形態となるように，懸濁重合用の分散剤が組み合わされて使われている。図30に懸濁重合により得られた塩化ビニール樹脂粒子の事例を示す[57]。

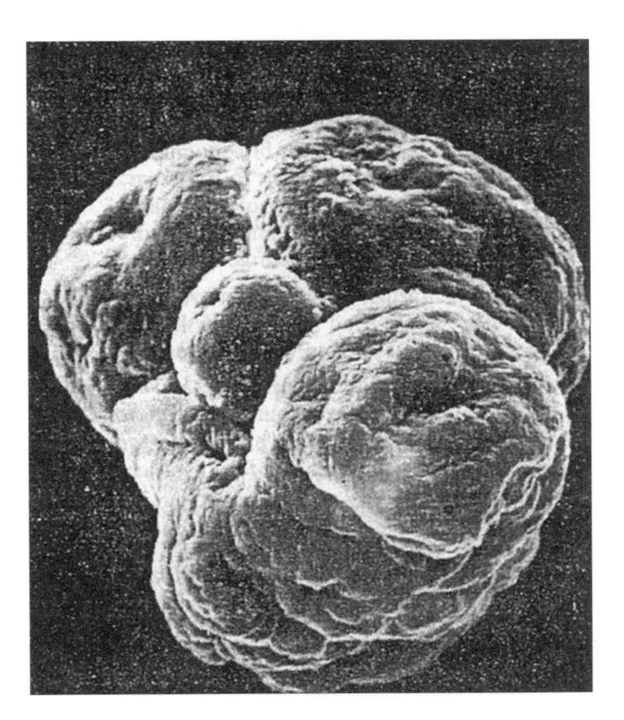

図30　塩化ビニール懸濁重合粒子の例
出典：Albert K. Sanderson, *British Polym. J.*, December, 189（1980）

文　献

1) 中島忠夫，黒木裕一，日本化学会誌，**1981**，1231 (1981)
2) 篠田耕三，日本化学雑誌，**89**，435 (1968)
3) 田中真人，大島英次，化学工学論文集，**8**，734 (1982)
4) H. Hopff *et al.*, *Makromol. Chem.*, **84**, 274 (1965)
5) P. Taylor, *Adv. Colloid Interface Sci.*, **106**, 261 (2003)
6) I. M. Lifshitz & V. V. Slezov, *J. Phys. Chem. Solids*, **19**, 35 (1961)
7) C. Wagner, *Ber. Bunsenges. Phys. Chem.*, **65**, 581 (1961)
8) A. Labalnov, *Current Opinion Colloid Interface Sci.*, **3**, 270 (1998)
9) J. Bibette, *J. Colloid Interface Sci.*, **147**, 474 (1991)
10) T. G. Mason & J. Bibette, *Phys. Rev. Lett.*, **77**, 3481 (1996)
11) T. G. Mason & J. Bibette, *Langmuir*, **13**, 4600 (1997)
12) C. Mabille *et al.*, *Langmuir*, **16**, 422 (2000)
13) 前田仁，レオスコープによるO/Wエマルションに関する研究，三重大学大学院工学研究科　学士論文 (2003)
14) P. B. Umbanhowar *et al.*, *Langmuir*, **16**, 347 (2000)
15) O. Mengual *et al.*, *Colloids Surfaces A: Physicochem. Eng. Aspects*, **152**, 111 (1999)
16) R. Chanamai & D. J. MaClements, *Colloids Surfaces A: Physicochem. Engineering Aspects*, **172**, 79 (2000)
17) T. G. Mason, *et al.*, *Phys. Rev. Lett.*, **75**, 2051 (1995)
18) M. Kawaguchi, *Adv. Colloid Interface Sci.*, **233**, 186 (2016)
19) 荒木夕加里，シリコーンオイル／水エマルションのレオロジー特性，三重大学大学院工学研究科　修士論文 (2007)
20) M. Kawaguchi *et al.*, *Langmuir*, **16**, 5568 (2000)
21) T. Futamura & M. Kawaguchi, *J. Colloid Interface Sci.*, **367**, 55 (2012)
22) K. Hayakawa *et al.*, *Langmuir*, **13**, 6069 (1997)
23) K. Yonekura, *et al.*, *Langmuir*, **14**, 3145 (1998)
24) K. Ozawa *et al.*, *Colloids Surfaces A: Physicochem. Eng. Aspects*, **311**, 154 (2007)
25) 大同化成工業㈱，サンジュロース，http://www.daido-chem.co.jp/
26) R. Yanai & M. Kawaguchi, *J. Dispersion Sci. Technol.*, **38**, 40 (2017)
27) W. Ramsden, *Proc. Royal. Soc.*, **72**, 156 (1903)
28) W. S. U. Pickering, *J. Chem. Soc.*, **91**, 2001 (1907)
29) P. Finkle *et al.*, *J. Amer. Chem. Soc.*, **45**, 2780 (1923)
30) J. H. Schulman & J. Leja, T*rans. Faraday Soc.*, **50**, 598 (1954)
31) A. F. Koretsky & P. M. Kruglyakov, *Izv Sib Otd Akad Nauk USSR*, **2**, 139 (1971)
32) B. P. Binks & T. S. Horozov (editors), Colloidal Particles at Liquid Interfaces, Cambridge Univ Press (2006)
33) F. Family & D. P. Landau (editors), Kinetics of aggregation and gelation, North-holland (1984)

34) W. Stöber, *et al., J. Colloid Interface Sci.*, **26**, 63 (1968)
35) R. K. Iler, The Chemistry of Silica, Wiely Interscience (1979)
36) M. Kawaguchi *et al., Langmuir*, **11**, 563 (1995)
37) N. Sugita *et al., J. Dispersion Sci. Technol.*, **29**, 931 (2008)
38) T. Suzuki *et al., J. Dispersion Sci. Technol.*, **31**, 1479 (2010)
39) T. Fuma & M. Kawaguchi, *Colloids Surfaces A: Physicochem. Eng. Aspects*, **465**, 168 (2015)
40) T. Fuma & M. Kawaguchi, *J. Dispersion Sci. Technol.*, **36**, 1748 (2015)
41) A. Kawazoe & M. Kawaguchi, *Colloids Surfaces A: Physicochem. Eng. Aspects*, **392**, 283 (2011)
42) C. Morishita & M. Kawaguchi, *Colloids Surfaces A: Physicochem. Eng. Aspects*, **335**, 138 (2009)
43) N. Sugita *et al., Colloids Surfaces A: Physicochem. Eng. Aspects*, **328**, 114 (2008)
44) 池田鉄作（編），化粧品学，**53**，南山堂（1975）
45) 特許公開　平 10-218901
46) 特許公開　2009-7289
47) 特許公開　2008-080266
48) 田島和夫，神奈川大学工学研究所所報，**30**，85 (2007)
49) 特許　3855203
50) 特許　3858230
51) 特許公開　平 8-291022
52) 前山薫ほか，高分子論文集，**51**，739 (1994)
53) ナノセルロースフォーラム（編），図解よくわかるナノセルロース，日刊新聞社，170 (2015)
54) 蒲田啓大ほか，セルロース学会第 23 回年次大会要旨集，145 (2016)
55) 高田重喜，懸濁重合における粒子制御・均一化と不具合対策・機能性粒子調製技術，サイエンス&テクノロジー，33 (2014)
56) N. Sakar & W. L. Archer, *J. Vinyl Technology*, **3**, 26 (1991)
57) A. K. Sanderson, *Brit. Polymer J.*, **12**, 186 (1980)

第6章　サスペンション

液中に固体粒子を安定に分散するには固体粒子間に反発力を生み，固体粒子の凝集を抑える必要がある。そのために，固体粒子の表面官能基を基に粒子凝集し難い分散媒を選択する方法，固体粒子表面に分散剤を物理吸着する方法，固体粒子表面を化学的に低分子あるいは高分子で修飾する方法などが採用されている。ここでは，表面修飾していない固体粒子，低分子あるいは高分子を吸着作用で表面修飾した固体粒子を，水や有機溶剤に分散したサスペンションについて基礎から実際的な応用までの事例を挙げながら述べる。

1　サスペンションの基礎

サスペンションの分散安定性は，第3章の図5で解説したV_Tで決まるが，固体粒子と分散媒の組み合わせで得られるV_Tには限界がある。したがって，固体粒子の分散安定性を向上，すなわち新たな反発力を生むために表面修飾したり，分散剤を加えられたりする。特に，高分子を分散剤として利用することは，サスペンションの分散安定化技術の向上において重要である。ここでは，固体粒子の調製法，サスペンション中の固体粒子の分散・凝集，調製されるサスペンションの状態，サスペンションの評価方法について述べる。

1.1　固体粒子の調製

固体粒子の調製法には結晶や大きな粒子を機械的に細かくする分散法と，原子，イオン，分子を化学反応で粒子にする凝縮法がある。たとえば，シリカ粒子の凝縮法には，第5章の4.2節で述べたようにStöber法（ゾル-ゲル法）[1]，乾式法（気相法），および湿式法（沈殿法）がある。一般に，Stöber法で得られるシリカ粒子は凝集せず単独で存在し，乾式法と湿式法で調製されるシリカ粒子はフラクタル構造の凝集体[2]を形成している。

1.2　サスペンション中の固体粒子の分散・凝集

図1に示すようにフラクタル構造からなる固体粒子の凝集体は，会合して集塊体になることが分かっている[3]。固体粒子濃度が高くなると，集塊体の形成が進み固体粒子は無限遠の数珠

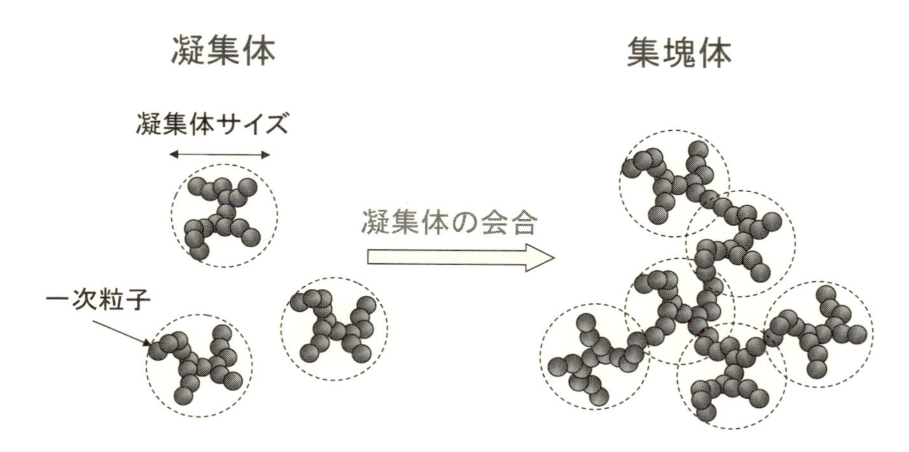

図1　フラクタル構造からなる固体粒子の凝集体と集塊体の模式図

繋ぎのようになり，サスペンションはゲルとなる。

固体粒子表面が炭化水素鎖や高分子鎖などで化学修飾されると，分散媒とのぬれ性が改善し，化学吸着した鎖と分散媒の親和力による反発力で固体粒子の分散安定性が増大する。特に，乾式法あるいは湿式法で合成されるシリカの中に表面化学修飾されたものが多くある。

一方，固体粒子を高分子溶液に添加した場合には，固体粒子への高分子鎖の吸着状態の違いによって，図2に示すような3の相互作用が働く。つまり，①高分子吸着による吸着高分子と溶媒の混合自由エネルギーの増加と，吸着高分子鎖のとり得る形態が制限されるためのエントロピー的反発力の立体安定化作用の和で表される立体安定化，②高分子鎖が複数の粒子表面にまたがって吸着して引力が生まれる吸着凝集作用，そして③高分子鎖が粒子表面に吸着しないために粒子近傍と溶液間の高分子濃度の違いによって生まれる浸透圧差による枯渇凝集作用である[4)]。枯渇凝集作用の場合には高分子濃度を高くすると，高分子と溶媒の混合自由エネルギーの増加によって固体粒子が分散安定化する。

立体安定化の相互作用である混合自由エネルギーV_{M}とエントロピー的反発力V_{VR}を第3章の3.3.3節で定義したV_{A}に加えたV_{T}を，粒子間距離hに対して概略的に示すと図3のようになる。ただし，横軸のdは高分子吸着層厚さである。

1.3　サスペンションの状態

第3章の3.3.3節で解説したようにサスペンションの状態は，粒子間に働く粒子間ポテンシャルエネルギーV_{T}によって決まり，ゾルとゲルの他に粒子同士の凝集によって沈殿・沈降あるいは浮遊する場合がある。

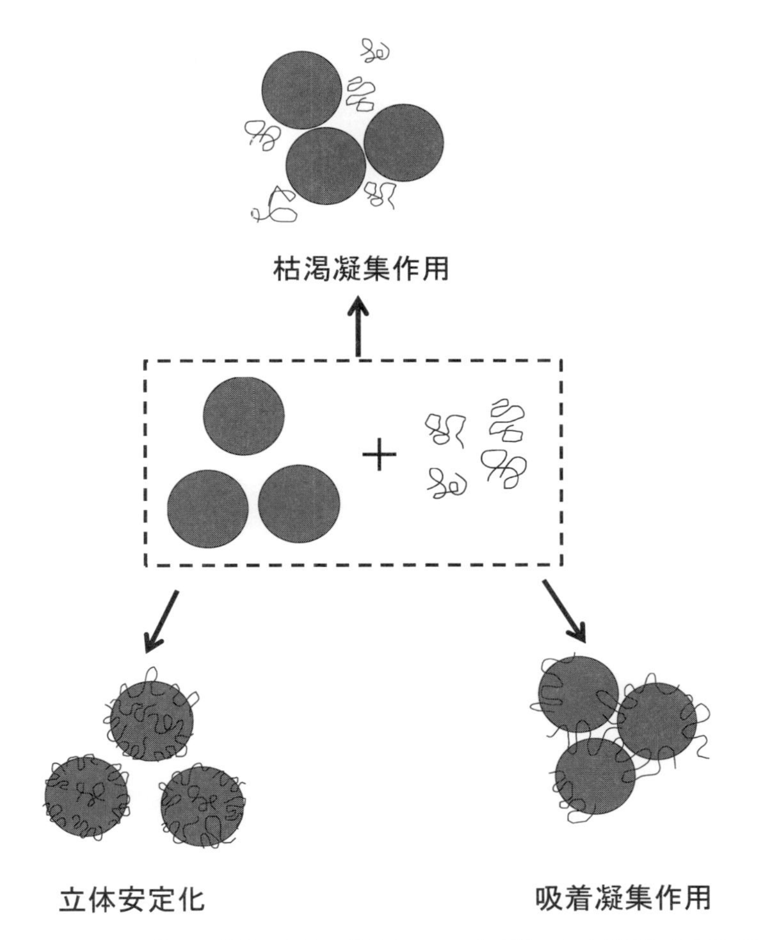

図２　固体粒子に対する線状高分子の吸着あるいは非吸着による相互作用の模式図

1.4　サスペンションの評価法

調製したサスペンションを評価するためには，その分散状態を理解し，分散剤の吸着特性を探索し，サスペンション中の固体粒子の凝集状態を解明し，サスペンションのレオロジー特性を把握する必要があるので，それらを測定するための代表的な方法を述べる。

1.4.1　ぬれ

サスペンションを調製するには，まずは固体粒子が分散媒にぬれる必要がある。固体表面が親水性あるいは疎水性であるかは，表面官能基あるいは表面被覆した官能基の種類で決まるので，固体表面の性質・状態を明らかにしておく必要がある。固体粒子は分散媒にぬれても，必ずしも分散安定化しない。つまり，固体粒子と分散媒の密度差から粒子が沈殿・沈降したり，浮遊したりするので，固体粒子の密度に近い分散媒を選択することが重要である。また，両者に密度差がある場合には，粘度の高い分散媒を使用する必要もある。

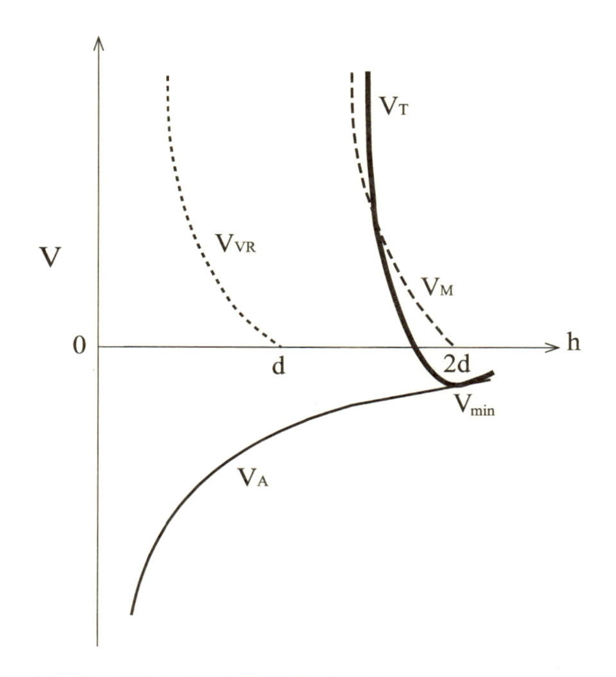

図３　高分子の吸着による固体粒子の相互作用 V と粒子間距離 h の関係
ここで，V_T は粒子間ポテンシャルエネルギー，V_{VR} はエントロピー的反発力，V_M は混合自由エネルギー，V_A は粒子間引力，V_{min} は極小値，d は高分子の吸着層厚さである。

1. 4. 2　分散安定性

サスペンションの分散安定性を評価するには，調製したサスペンションの経時変化を追跡する必要があり，目視観察や透過光強度・後方散乱光強度測定が用いられている。調製後充分な時間の経過した，すなわち平衡状態に達したサスペンションの入った容器を傾けた場合の状態を図4に示すゾル，プレゲル，ゲル，固-液分離に分け，その状態を固体粒子濃度と示強性変数などに対してプロットした状態図，すなわち相図からサスペンションの分散安定性を明らかにすることできる。ここで，プレゲルとはサスペンションの一部は流動するが，ゲルの共存する状態を指す。白濁しているサスペンションの分散状態の評価には，後方散乱光強度測定法が有効であり，エマルションの場合と同様にサスペンションの相内の粒子の充填状態の時間変化を明らかにできる。

ゾル状態のサスペンションの固体粒子のサイズを評価するには，散乱体である固体粒子のブラウン運動によるドップラー効果で生じる光散乱を計測する動的光散乱法（準弾性光散乱法）が有用である。つまり，散乱光強度の時間変化から D が求められ，この D を用い，次の Stokes-Einstein の式から固体粒子の流体力学的サイズ R_H が求められる。

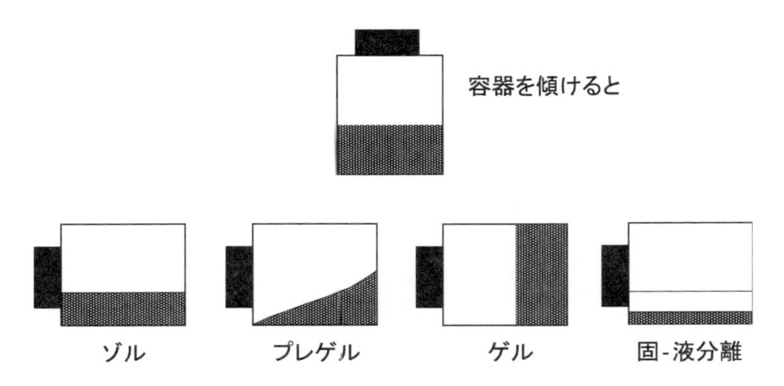

図4　サスペンションの入った容器を傾けた場合の状態から相の目視観察

$$D = k_{\mathrm{B}}T/6\pi\eta_{\mathrm{c}}R_{\mathrm{H}} \tag{1}$$

静電的に分散安定化されているゾル状態の固体粒子の表面電位を評価するには，印加された電場で，電荷を有した固体粒子が定常状態にある分散媒に対して泳動（移動）する様子を測定する電気泳動法が有効であり，ζ 電位や電気移動度を求めることができる。さらに，この電気泳動法と動的光散乱法を組み合わせた電気泳動光散乱法が開発され，サスペンションにとって重要な測定方法になっている。

1. 4. 3　分散剤の吸着量測定

固体粒子の分散安定性を向上させるために分散剤が利用される場合には，分散剤の吸着状態を明らかにする必要がある。エマルションの場合と同様に，分散媒中に残存した分散剤の濃度が分かれば，分散剤の仕込み濃度との差からその吸着量を求めることができる。そのためには，遠心機などを用いて固体粒子を沈降・沈殿させて分離する必要がある。

一方，分散剤の吸着した固体粒子が安定に分散しているゾル状態の場合には，動的光散乱法を用いると，分散剤の吸着前後の R_{H} の差から固体粒子表面に吸着した分散剤の流体力学的吸着層厚さが得られる。表面に電荷を有する固体粒子に分散剤が吸着すると電荷の遮蔽が起こる。したがって，分散剤の吸着による表面電位への影響を把握するには電気泳動光散乱法が有効である。

1. 4. 4　粒子の凝集構造解析

サスペンションを構成する固体粒子の凝集構造の解析評価には，散乱体の濃度ゆらぎによって生じる電磁波（光やx線）や粒子波（中性子線）の散乱強度 $I(q)$ の散乱ベクトル q に対するプロットの散乱曲線の得られる静的散乱法（弾性散乱法）が役に立つ。ここで，q は散乱角度 θ と散乱波の波長 λ を用い，$q=4\pi\sin(\theta/2)/\lambda$ で定義される。この方法はゾルあるいはゲル状態のサスペンションに利用できる。図5にサスペンションの凝集構造と散乱曲線の関係を表す概略図を示す。q は長さの逆数なので，q の小さいところではサスペンションの全体像が，

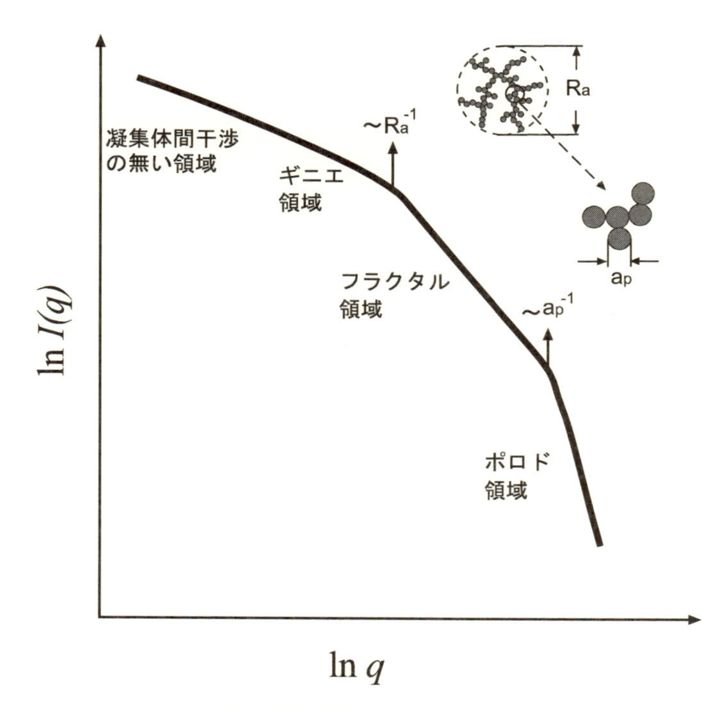

図5　サスペンションの凝集構造と散乱曲線（$I(q)$とqの両対数プロット）の関係

一方，qの大きいところではサスペンションの一部，あるいは微細部分が明らかにできる。たとえば，数nm程度のサイズの固体粒子から形成される凝集体に対して，可視光ではギニエ領域以上の領域，x線ではポロド領域以下の領域，そして冷中性子線ではフラクタル領域からポロド領域までのそれぞれの情報が得られる。また，散乱曲線のフラクタル領域の$I(q)$とqの勾配の絶対値から質量フラクタル次元D_fが，ポロド領域の$I(q)$とqの勾配と6の和から表面フラクタル次元がそれぞれ求められる。

図6に親水性フュームドシリカのAerosil 130（一次粒子サイズは約16 nm，比表面積A_sは約130 m^2）を水に分散したシリカ濃度ϕ=0.0493のサスペンションの冷中性子線による散乱曲線を示す。$I(q)$はqの増加に伴い，フラクタル領域では −2.1乗，ポロド領域では −4乗のポロド則に従ってそれぞれ減少している[5)]。このことから，Aerosil 130サスペンションの凝集構造はD_f=2.1で粗い構造であることと，表面フラクタル次元が2であることからシリカ粒子表面は平らであることが分かる。また，$I(q)$のべき乗則が −2.1乗から −4乗に変化するqの逆数から得られる特徴的な長さは，Aerosil 130の一次粒子サイズに相当する。

1.4.5　レオロジー

サスペンションのレオロジー特性は，泡やエマルションと同様にϕの値によって変化する。サスペンションのϕの値は，固体粒子はエマルションの液滴のように形状変化しないので，

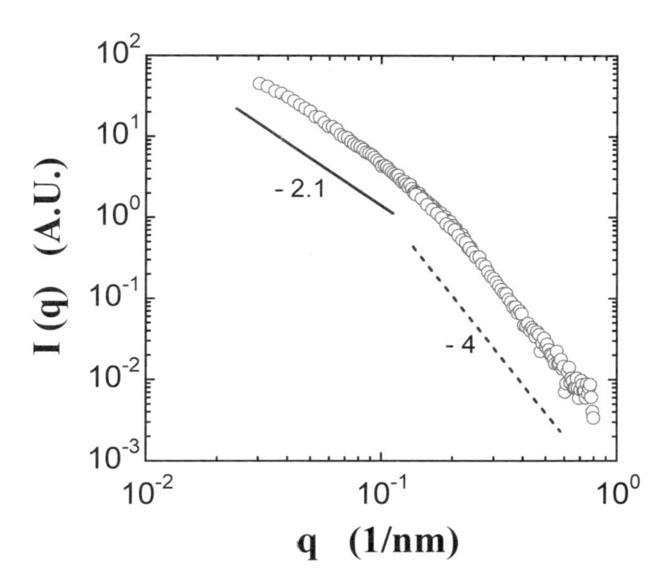

図６　親水性フュームドシリカの Aerosil 130 を水に分散した ϕ＝0.00493 の
サスペンションの冷中性子線による散乱曲線
フラクタル領域とポロド領域の勾配はそれぞれ －2.1 と －4 である。

粒子の最密充填した ϕ＝0.74 が最大値となる。サスペンションのレオロジー特性の一つである流動曲線は，ϕ の増加に伴いニュートン流れから非線形流れに変化したり，降伏応力を示す塑性流れに変化したりする。一方，サスペンションの動的粘弾性挙動は，第３章の 3.4 節で述べたように ϕ の増加に伴い液体的粘弾性から固体的粘弾性へと変化する。

サスペンション中に固体粒子が凝集構造を形成する場合には，その凝集構造はひずみによって崩壊あるいは粒子の再配列のために変化するので，流動挙動にチキソトロピー，レオペクシー，ダイラタンシーが観察される。チキソトロピーとはサスペンションを長く静置すると凝集体の構築とゲル化を伴うためにその流動性が一時的に低下する現象，レオペクシーとは高いせん断速度を加えて凝集構造を壊し粘性を下げた後，凝集構造の回復によって低いせん断速度で粘性が上がる現象，そしてダイラタンシーとは凝集構造の再構築による体積増加のために粘性が上がる現象である。最近では，せん断速度の増加による凝集構造の再構築によって粘性が増大する現象もダイラタンシーと呼ばれている。

また，拡散律速凝集が支配するフラクタル凝集構造を有する固体粒子の場合，ϕ が 0.1 以下の比較的低い粒子濃度でもサスペンションはゲルを形成する。たとえば，ヒュームドシリカ粒子の A_s が 100 m^2 程度のサスペンションのレオロジー挙動は，ϕ が 0.005 を超えると非線形な流動曲線を示し，ϕ が 0.04 を超えると液体的粘弾性から固体的粘弾性へと変化する。したがって，サスペンションの G' と G'' の振動ひずみ依存性および周波数依存性の測定は欠かせない。

2　低分子分散媒中のシリカサスペンションの事例

親水性シリカ，その表面のシラノール基を疎水基で化学修飾したり，あるいはシリコーンオイルで被覆したりして得られる疎水性シリカを，水や有機溶剤に分散したサスペンションについて述べる。ただし，疎水性シリカはそのままでは水中分散できないが，水に溶解する分散剤の疎水性吸着作用によって水中分散が可能となる。また，親水性フュームドシリカあるいはゾル-ゲル法で合成したシリカをpHの高い水に分散したコロイダルシリカに対して，中性塩あるいは低分子界面活性剤を添加した場合についても述べる。

2.1　水中のシリカサスペンション

親水性フュームドシリカ（Aerosil 130，200，300の表面シラノール基密度は共に約$2/nm^2$で，A_sは順に130，200，300 m^2である）を水中に分散すると，シリカ表面のシラノール基と水の水酸基の水素結合によって分散安定化して，シリカ濃度の増加に伴い，サスペンションの状態はゾル，プレゲル，ゲルへと変化する[6~9]。しかしながら，湿式法で得られる親水性シリカ（Nipsil AQ）はそのシラノール基密度は親水性フュームドシリカに比べて高く，密な凝集体を形成して固-液分離するため，水中で分散安定化したサスペンションは得にくい[10]。

Aerosil 130とAerosil 300を同じϕ（0.023，0.049，0.072）で分散した一週間後のサスペンションは，ゾル（Aerosil 130のϕ=0.023以下，Aerosil 300のϕ=0.049以下）とゲル状態を示し，それらの流動曲線はシリカの種類とϕに関係なくシアシニング挙動を示している[6]。Aerosil 130サスペンションのほうがAerosil 300サスペンションに比べて，$\dot{\gamma}$の増加に伴うη_aの低下が著しく，強いシアシニング挙動が観察されている。一方，η_aを$\dot{\gamma}=0$に外挿したゼロずり粘度は，前者のほうが後者に比べて高い。これは前者のほうが後者に比べて分散安定性が低く，凝集構造は粗く，せん断によって凝集構造が崩壊しやすいことを示唆している。

大鐘はAerosil 300サスペンションのゾルとゲルについて詳細に調査している[7]。ϕ=0.005までのサスペンションのR_Hはシリカ濃度の増加と共に0.35から0.60 μmへと増大し，ϕ=0.006を超えるとサイズ分布に幾つかのピークが観察され，集塊体の存在が示唆される。ϕ=0.02から0.05のサスペンションの流動曲線はシアシニング挙動を示し，$\tau \propto \dot{\gamma}^{n_v}$の関係を満たし，粘度指数$n_v$は$\phi$の増加に伴い減少している。一方，ゲルとなる$\phi$=0.06のサスペンションの$G'_0$は$G''_0$に比べて大きく，$G'_0$は$2\times10^3$ Pa，線形領域の終わる振動ひずみと定義される臨界振動ひずみγ_cはゲルの脆さの指標で，3.94 %と得られている[8]。また，線形領域を超えた非線形領域のG''は，振動ひずみの増加に伴い極大値を示して減少するストレインオーバーシュート，すなわち凝集構造の一部が崩壊してエネルギーの散逸を示し，その振動ひずみ領域を超えると，G'と交差しG'に比べてゆっくりと減少している。

Aerosil 200をボールミルで粉砕した場合（Aerosil 200-D）と，未粉砕のAerosil 200の

ϕ=0.088のゲル状態にあるサスペンションの流動曲線を測定したところ[9)]，前者はほぼニュートン流動を，後者は擬塑性挙動をそれぞれ示している。前者の示すη_aの0.01 Pasは，アインシュタインの粘度式$\eta=\eta_c(1+2.5\phi)$から計算される粘度に比べて一桁ほど高いが，未粉砕のη_aに比べると一桁ほど低い。このことは，ボールミルの粉砕によって粗い凝集構造の一部が壊れ，密な凝集構造の凝集体になって見かけ上のϕの値が下がっていることを示唆している。

Aerosil 200を0.01 M NaCl水溶液に分散したサスペンションの動的光散乱法から，そのR_Hは0.23 μmと得られている[11)]。この値はA_sが358 m^2のAerosil 380の場合（R_Hは0.19 μm）に比べて大きく，川口らの結果[6)]と同様，比表面積の小さいAerosil 200のほうがAerosil 380に比べて粗い凝集構造で凝集体を形成していることを示唆している。一方，サスペンションの流動曲線は，シリカによらずϕの増加に伴いニュートン流動からシアシニング挙動へと変化するが，同じϕで比較すると$\dot{\gamma}=10^3$ s^{-1}におけるη_aは，R_Hの小さい，比表面積の大きいAerosil 380のほうが高い。この違いは，Aerosil 380のほうがAerosil 200に比べてシリカ粒子の充填がし易く，密な凝集体が形成され，強い流体力学的な抵抗力が生まれるためである。この結果は，川口らのϕ=0.072のAerosil 130とAerosil 300のサスペンションの流動曲線の結果[6)]と一致している。

水に分散した親水性フュームドシリカサスペンションは，チキソトロピー挙動を示すことが良く知られている。Galindo-Rosalesらは異なるチキソトロピー挙動を示すϕ=0.025と0.075のAerosil 200サスペンションにある$\dot{\gamma}_e$で流動させ，τが定常値τ_eに達したところで$\dot{\gamma}_i$での最初のせん断応力τ_iを求め，再び同じ$\dot{\gamma}_e$で流動してτ_eに達したところで異なる$\dot{\gamma}_i$でのτ_iを求めることを，$\dot{\gamma}_i$の値を0.03から75 s^{-1}まで変化させて行う，一定構造を維持した流動曲線であるτ_iと$\dot{\gamma}_i$のプロットを0.1から100 s^{-1}の$\dot{\gamma}_e$で求めている[12)]。$\dot{\gamma}_e$の値に関わらず，ϕ=0.025のサスペンションは塑性流動を，ϕ=0.075の場合は擬塑性流動をそれぞれ示めしている。また，一定構造を維持した流動曲線から求めた前者と後者の降伏応力は，それぞれ0.28 Paと1080 Paであった。

2.2　親水性フュームドシリカから調製されるコロイダルシリカ

水に分散した親水性フュームドシリカサスペンションにアルカリを加え，そのpHを11程度に調整し，シリカ表面の負電荷による静電的反発力によって分散安定化された集塊体の存在しないコロイダルシリカは，紙・繊維の防滑剤，触媒担体，銅やシリコン基板の化学的機械的研磨（Chemical mechanical polishing，CMP）の研磨剤として利用されている。調製されたサスペンション濃度はϕ=0.13と高い。ここでは，そのコロイダルシリカへの中性塩あるいは低分子界面活性剤の添加効果とコロイダルシリカのCMP作用について述べる。

2.2.1　中性塩の添加効果

横山らはKCl存在下のサスペンションの分散安定性とレオロジー特性についてϕを変えて

検討している[13]。静電的反発で分散安定化したサスペンションの凝集体の流体力学的サイズは165 nm，ξ電位は −50 mV で，そこに 0.1 M になるように KCl を加えると，その流体力学的サイズはほとんど変化せず，ξ電位は静電的遮蔽によって下がり −41 mV となる。また，サスペンションは 0.15 M KCl 以下でゾル状態，0.3 M KCl 以上と $\phi=0.025$ 以上でゲル状態を示し，ゲル状態にあるサスペンションの動的粘弾性の振動ひずみ依存性が求められている。

図7に示す 0.4 M KCl で $\phi=0.025$ から 0.084 のサスペンションの G' および G'' と振動ひずみのプロットの線形領域は，ϕ によらずほぼ一定で，G'_0 と G''_0 は ϕ の増加に伴い増大し，G'_0 は 2×10^3 Pa を超え，γ_c は1％程度である。つまり，これらサスペンションは，親水性フュームドシリカを水に分散した場合（$\phi=0.06$，$\gamma_c=3.94$ %，$G'_0=2\times10^3$ Pa）[8] に比べて剛直で脆いゲルである。また，$\phi=0.063$ 以上における G'_0 は KCl 濃度の増加に伴い増大するが，γ_c の KCl 濃度依存性はほとんど無いことも分かっている[13]。

サスペンションゲルの粒子の凝集構造を明らかにするために，Shih らの提出したフラクタルゲルモデル[14]，すなわちサスペンションゲルの凝集体間の結合が凝集体内の粒子間結合より強い場合の強く結合したゲルと，弱い場合の弱く結合したゲルに分類したモデルや，Shih らのモデルを展開し，強く結合したゲルと弱く結合したゲルの間に中間的なゲルを考慮した Wu と Morbideli のモデル[15] が用いられている。Wu と Morbideli のモデルに従えば，G'_0 と γ_c の ϕ に対するスケーリング則は D_f を用いてそれぞれ式(2)と式(3)で与えられる。

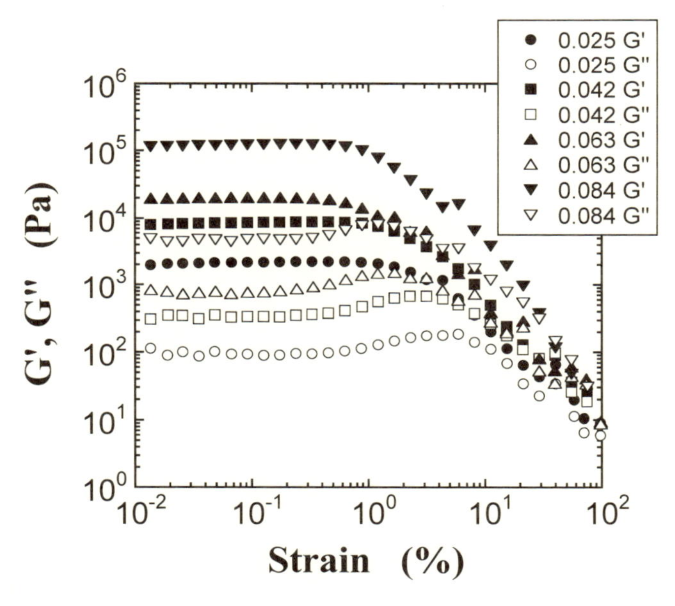

図7　0.4 M KCl を添加した $\phi=0.025$ から 0.084 のコロイダルシリカサスペンションの G' および G'' と振動ひずみの関係

$$G'_0 \propto \phi^{(\beta/3-D_f)} \tag{2}$$

$$\gamma_c \propto \phi^{(2-\beta/3-D_f)} \tag{3}$$

ここで，$\beta=1+(2+x)(1-\alpha)$ で，x は凝集体の骨格のフラクタル次元でその大きさは 1 から 1.3 であり，α は x を仮定して，式(2)あるいは式(3)と実験結果のフィティングから求められる。ただし，Shih らのモデル[14]に対応するように $\alpha=0$ の場合が強く結合したゲルに，$\alpha=1$ の場合が弱く結合したゲルにそれぞれ相当する。

KCl 添加によるサスペンションゲルの G'_0 および γ_c の ϕ に対するそれぞれの両対数プロットから，前者は正のべき乗則を与え，そのべき指数は KCl 濃度の増加に伴い増大し，後者も高い KCl 濃度に限り同じ依存性を示すことが分かっている。したがって，Shih らのフラクタルゲルモデルに従えば，このサスペンションゲルは弱く結合したゲルに分類される。

2.2.2　低分子界面活性剤の添加効果

浅井らは低分子界面活性剤のドデシルトリメチルアンモニウムクロライド（C12TAC），あるいはヘキサデシルトリメチルアンモニウムクロライド（C16TAC）存在下のコロイダルシリカサスペンションの分散安定性とレオロジー特性について，ϕ を変えて検討している[16]。2 つの界面活性剤は共にカチオン性なので，負に帯電したシリカ粒子表面にはイオン結合で吸着するはずである。そこで，界面活性剤の吸着挙動をブロモ フェノール ブルー（BPB）法で検討したところ，C16TAC は添加した全てが吸着し，C12TAC はその一部が吸着せずに分散媒中に残っていることが分かった。一方，C12TAC と C16TAC は，濃度が高くなれば会合してミセルを形成することは良く知られており，蛍光分光法を用いて cmc を測定したところ，鎖長の順に 1.1 と 0.1 mM と得られ，これら cmc の値は水中の場合に比べて 1 桁低い[17]。

それぞれの界面活性剤の添加によって，サスペンションはゾル，固-液分離，ゲル状態に変化した。ゲルは，C12TAC の cmc を超えると $\phi=0.01$ 以上の領域に，C16TAC の場合は 0.2 mM を超えると $\phi=0.05$ 以上の領域にそれぞれ形成され，その動的粘弾性の振動ひずみ依存性が求められている[16]。

図 8 に 1.0 mM の C12TAC および C16TAC を添加した $\phi=0.072$ のサスペンションゲルの G' および G'' と振動ひずみのプロットを示す。C12TAC を添加したサスペンションゲルは，G'_0 と γ_c が C16TAC の場合に比べて共に大きいので剛直で柔軟性がある。この傾向は，界面活性剤濃度を変化させても同じで，C12TAC に比べて吸着量の多い C16TAC のほうがゲルの架橋点は多くなるけれども，架橋は有効的でなく，せん断によって崩れ易いことを示唆している。このことは，Shih らのフラクタルモデルとの比較からも明らかで，G'_0 および γ_c の ϕ に対するそれぞれの両対数プロットから，C12TAC を添加したサスペンションゲルは強く結合したゲルに，一方，C16TAC を添加した場合は弱く結合したゲルに分類される[16]。

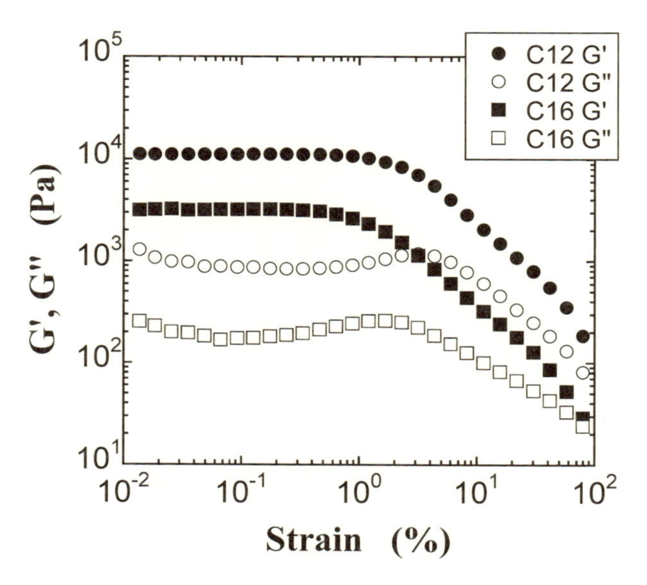

図8　1.0 mM の C12TAC（丸）あるいは C16TAC（四角）を添加した ϕ=0.072 のコロイダルシリカサスペンションゲルの G' および G'' と振動ひずみの関係

2. 2. 3　中性塩の添加効果と CMP 作用

実際の CMP 過程での $\dot{\gamma}$ は $10^6\ \mathrm{s}^{-1}$ を超えるので，研磨中のシリカサスペンションに新たに生じる集塊体が，基板の研磨表面にかき傷，溝などの欠陥を生むと考えられている。そこで，Crawford らは汎用の回転レオメータを用いて高いせん断速度（$\dot{\gamma}$ は $3\times10^5\ \mathrm{s}^{-1}$ まで）にて，研磨用サスペンションのレオロジー挙動と小角光散乱測定の同時測定に加え，研磨した基板表面の光学顕微鏡観察を行っている[18~20]。

0.12 M KCl 水溶液に分散したサスペンションの流動曲線は，$\dot{\gamma}$ が $3\times10^4\ \mathrm{s}^{-1}$ までシアシニング挙動を示し，その後シアシックニング挙動に転じ，続いて $\dot{\gamma}$ を $8\times10^4\ \mathrm{s}^{-1}$ から $10^3\ \mathrm{s}^{-1}$ まで下げても η_a の増加する，正のヒステリシスを示している[18]。シアシックニング挙動と正のヒステリシス挙動が観察されるせん断領域での 0.17 M KCl 水溶液に分散したサスペンションの小角光散乱測定からは，集塊体の存在を示唆する散乱パターンが観察されている[20]。また，シアシックニング挙動と正のヒステリシス挙動が観察される 0.15 M KCl 水溶液に分散したサスペンションで研磨したシリコンの酸化膜には，多くの欠陥が観察されている[19]。以上のことから，0.12 から 0.17 M KCl 水溶液に分散したサスペンションは，$\dot{\gamma}$ が $3\times10^3\ \mathrm{s}^{-1}$ を超えるせん断速度においてせん断によって誘起される集塊体のために，シアシックニング挙動を起こし，研磨による欠陥が生じると考えられている。一方，水あるいは 0.5 M KCl 水溶液に分散したサスペンションは，$\dot{\gamma}$ を $2\times10^5\ \mathrm{s}^{-1}$ まで上げてもシアシックニング挙動を示さず，ニュートン流れを示している[18]。

2.3　ゾル-ゲル法で調製されるコロイダルシリカ

ゾル-ゲル法で調製されるコロイダルシリカ粒子は，フュームドシリカから調製されるコロイダルシリカと異なり，シリカ粒子同士は凝集せず単独で分散し，その粒径サイズは10 nm程度の剛体球と見なされる。ここでは，そのコロイダルシリカの中性塩の添加効果について述べる。

2.3.1　添加塩効果

岡崎と川口はLiCl，NaCl，KCl水溶液中のコロイダルシリカSnowtex Cサスペンションの分散安定性とレオロジー特性を，塩濃度とϕを変え，ホフマイスター順列を考慮して検討している[21]。コロイダルシリカの粒子のサイズは13 nm，そのζ電位は-46 mVで，粒子間の静電的反発力によってサスペンションは分散安定化している。中性塩添加によるサスペンションのゲル化はLiCl，NaCl，KClの順に低い塩濃度で起こり，LiClのゲル領域は0.5 M以上で$\phi>0.005$，NaClでは0.3から1.5 Mで$\phi>0.005$，KClでは0.1から0.8 Mで$\phi>0.005$である。また，固-液分離の観察されるNaClとKCl濃度は，でそれぞれ1.5と0.8 M以上である。

塩の種類に関係なく，ϕの増加に伴いサスペンションゲルのG'_0は増大し，γ_cは減少するので，Shihらのフラクタルゲルモデルに従えば，このサスペンションゲルは強く結合したゲルに分類される。これは，上述した弱く結合したゲルと判定されたヒュームドシリカから調製されるサスペンションゲル[13]と異なっている。中性塩の種類を変えると，G'_0はホフマイスター順列効果，すなわちLi^+，Na^+，K^+の順に水和し難く，強く吸着し易くなる，に従い高くなるが，γ_cはLiClを添加したほうが高くなっている。つまり，KClの添加によって剛直で脆いゲルが生成することが分かる。

2.4　有機溶剤中のシリカサスペンション

炭素数の異なるアルコール，グリコール，グリコールエーテルなどの極性有機溶剤に分散した親水性シリカサスペンションの分散安定性やレオロジー特性は，炭素数の順に分散媒の極性が減少し，分散媒の水酸基とシラノール基の水素結合能も低下するのでその影響を受ける。一方，疎水性シリカをそれら極性有機溶剤に分散すると，分散媒とシリカ表面を被覆した疎水基の溶媒和相互作用，あるいはシリカ表面に残存しているシラノール基との水素結合によって，疎水性シリカサスペンションの特性も大きく変わる。

非極性有機溶剤の代表格であるアルカンに親水性シリカを分散すると，シラノール基同士の強い水素結合のために粒子同士の凝集が促進する。特に，ヒュームドシリカの場合には集塊体の形成が進み，その分散安定化は難しくなる。一方，疎水性シリカを無極性有機溶剤に分散すると，疎水性相互作用によってサスペンションの分散安定性は向上する場合が多い。

2.4.1　親水性シリカサスペンション

LeeらはAerosil 200を炭素数の異なる第1級アルコールに分散したϕ=0.001から0.01まで

のサスペンションゾルについて，ウベローデ型毛細管粘度計を用いて固有粘度を求めている[22]。固有粘度から予測されるシリカ粒子の凝集性は，ヘキサノールまでは極性の低下に伴い下がる。一方，ヘプタノールからオクタノールまでは極性が下がると上がり，ヘキサノールとヘプタノールでは粒子の凝集性はほぼ同じであることが分かっている。

Aerosil 200をプロパノール，ペンタノール，ヘプタノールのそれぞれに分散した$\phi=0.02$から0.20までのサスペンションの定常流粘性率測定から得られる凝集体サイズは，分散媒の極性の低下に伴い増加している[23]。一方，ϕの増加に伴い，プロパノールに分散したAerosil 200サスペンションはシアシックニングを，ペンタノールやヘプタノールに分散した場合は擬塑性流動をそれぞれ示す。つまり，サスペンション中の凝集体サイズや粒子の凝集性に対するアルコールの極性依存性はLeeらの結果[22]と同じである。

佗美はAerosil 130，Aerosil 200，Aerosil 300をそれぞれベンジルアルコールに分散した$\phi=0.01$から0.05のサスペンションゾルについて，$\dot{\gamma}=10^3\,\mathrm{s}^{-1}$で10分間の前処理後に任意の$\dot{\gamma}$で過渡現象と定常状態のせん断応力を求めて流動曲線を得ている[24]。ϕの増加に伴い，Aerosil 130とAerosil 200のサスペンションはそれぞれシアシックニング挙動を示し，一方，Aerosil 300サスペンションはϕに関わらずほぼニュートン流動を示す。つまり，粒子サイズの小さいサスペンションほうが，分散安定性の高いことを示唆している。このことは，上述したように同じシリカを水に分散した場合[6,9]と同じである。

片岡と川口はAerosil 130をベンジルアルコールに分散した$\phi=0.095$から0.115のサスペンションゲルについて，周波数を$1\,\mathrm{rad\,s}^{-1}$に固定して振動ひずみを0.01から10^3 %まで変化させ，動的粘弾性を測定している[25]。線形領域はϕによらずほぼ一定で，G'_0は4×10^3 Paを超え，ϕの増加に伴い増大し，フラクタルゲルモデルの予測するベキ乗則[14,15]を満たし，そのベキ指数は6.53と得られている。一方，γ_cは0.1 %以下で，水に分散したAerosil 130サスペンション（$\phi=0.06$，$\gamma_c=3.94$ %，$G'_0=2\times10^3$ Pa）[9]に比べて硬くて脆いゲルである。非線形領域のG'は振動ひずみの増加に伴い減少し，一方，非線形領域のG''はストレインオーバーシュートを過ぎると，振動ひずみの増加に対してG'に比べゆっくりと減少している。この挙動は水に分散した場合[7]と同じである。

Raghavanらは種々のグリコールとグリコールエーテルに分散したAerosil 200サスペンションのレオロジー特性について，分散媒とシラノール基の水素結合能の影響を検討している[26]。エチレングリコール（EG）やプロピレングリコール（PG）に分散した$\phi=0.045$のサスペンションはシアシックニング挙動を示し，一方，EGとPGの両末端の水酸基をメチル基で修飾した分散媒に分散した$\phi=0.045$のサスペンションは，共にゲルのようなレオロジー特性を示している。したがって，メチル基で疎水化することによって，シラノール基同士の水素結合能が遮蔽され，疎水性相互作用が強くなりシリカ粒子の集塊体の形成は進み，サスペンションゲルが形成される。また，炭素数の多いPGのほうが，η_aと動的粘弾性率の値は共に大きくなり，グリコールの疎水化によるサスペンションのレオロジー特性への影響はアルコールの場合[22, 23]とよく似ている。

2.4.2　疎水性シリカサスペンション

シリカ粒子表面のシラノール基を介して，シランカップリング反応による化学吸着，シリコーンオイルの物理吸着で表面修飾した幾つかの疎水性ヒュームドシリカを，非極性有機溶剤あるいは極性有機溶剤に分散したサスペンションの分散安定性やレオロジー特性などについて，修飾した疎水基と分散媒の相互作用に着目して述べる。

(1)　非極性有機溶剤中の疎水性シリカサスペンション

Aerosil 130をn-ヘキサデシルトリメトキシシランで化学修飾した疎水性フュームドシリカVP-NKC130（シラノール基密度は0.1/nm^2）を，n-ヘキサデカンに分散したプレゲル状態のϕ=0.0493のサスペンションの冷中性子散乱実験から得られた$I(q)$はqの増加に伴い，フラクタル領域では-2乗，ポロド領域では-3.15乗に従ってそれぞれ減少している[27]。これら2つのべき指数から，シリカ粒子が粗く充填した凝集体で，その表面構造は平らではないことが分かる。$\dot{\gamma}$=0.1から500 s^{-1}までのせん断流動下の中性子散乱曲線は，せん断の有無に関わらず重なり，せん断によって凝集構造は変化しないことを示唆している[27]。

続いて，丸中と川口はVP-NKC130をn-オクタン（C8），n-ドデカン（C12），n-ヘキサデカン（C16）のそれぞれに分散し，ϕ=0.05，0.07，0.09のプレゲル状態のサスペンションを調製し，それらの定常流粘性率と動的粘弾性を検討している[28]。流動曲線は分散媒とϕの値に関係なく，$\tau \propto \dot{\gamma}^{n_v}$なるスケーリング則を満たし，$n_v$は分散媒の炭素数の増加に伴い増大することから，サスペンション中の凝集構造はC16で最もシアシニングが弱く，壊れ難いことが分かる。同じサスペンションについて，振動ひずみを変えて動的粘弾性を測定したところ，図9に示すように分散媒によらずG'とG''は共に線形領域を示したが，線形領域の広さや線形領域を超えたG'とG''の振動ひずみに対する変化は分散媒に強く依存した。つまり，C8およびC12に分散したサスペンションのG'とG''の振動ひずみ依存性は似ており，線形領域を超えるとG'は極小値を示した後に極大値を経て急激に減少し，一方，G''はストレインオーバーシュート後にG'に比べてゆっくり減少する。ところが，C16に分散したサスペンションの線形領域はC8やC12に分散した場合に比べて狭く，線形領域を過ぎるとG''はわずかなストレインオーバーシュートを示し，G'に比べてゆっくりと減少する。また，分散媒の炭素数の増加に伴い，G'_0は増加し，γ_cの値は減少する。

図10-aとbにG'_0およびγ_cのϕに対する両対数プロットをそれぞれ示す。分散媒の種類によらずG'_0とγ_cはほぼスケーリング則を満足することが分かる。それぞれのプロットからWuとMorbideliのフラクタルゲルモデル[15]に従い，x=1を仮定して得られるD_fの値は炭素数の順に1.8，2.1，2.2，一方，αは0.10，0.15，0.36と得られる。また，フラクタルゲルモデルに従えば，αの小さいC8あるはC12に分散したサスペンションは強く結合したゲルに，一方，

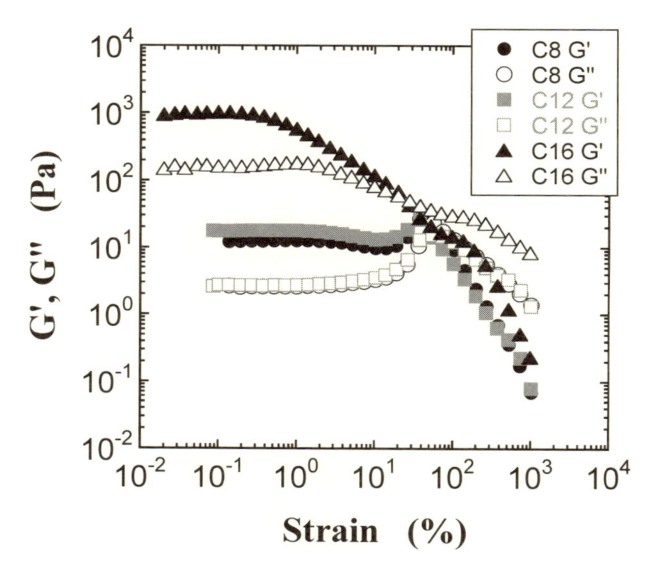

図9　n-オクタン（C8），n-ドデカン（C12），n-ヘキサデカン（C16）に分散した $\phi=0.09$ の疎水性シリカサスペンションの G' および G'' と振動ひずみの関係

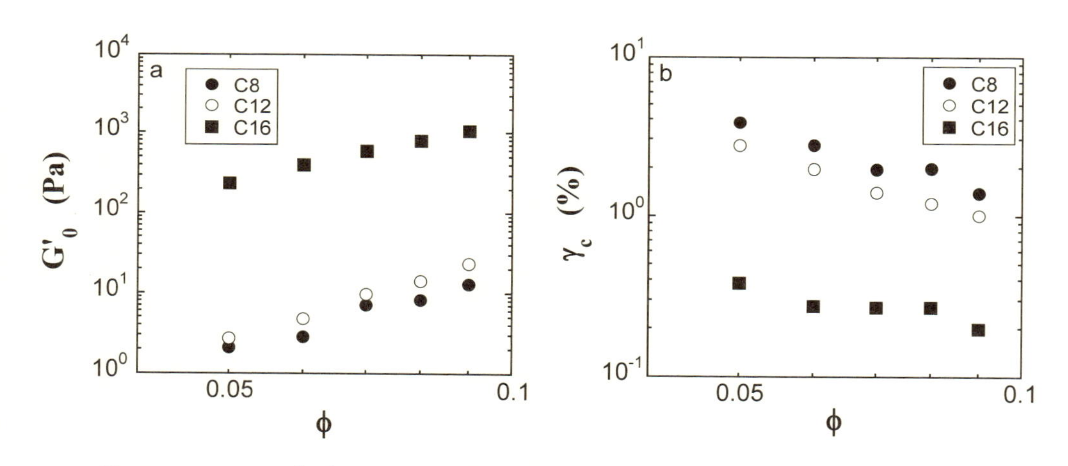

図10　n-オクタン（C8），n-ドデカン（C12），n-ヘキサデカン（C16）に分散した疎水性シリカサスペンションの G'_0（a）と γ_c（b）の ϕ に対する両対数プロット

α の比較的大きいC16に分散したサスペンションは中間的なゲルに分類される。また，C16に分散したサスペンションの冷中性子線の散乱強度のフラクタル領域におけるべき指数 -2 は $D_f=2$ に相当し[27]，フラクタルゲルモデルの解析から得られる値に近いことも分かる。

G' と G'' の線形領域を超えた大きな振動ひずみ，非線形領域における挙動が，ずり誘導で形成される新たな構造やその構造の相互作用に強く関わっているので注目されている。そこで，

Hyunらは幾つかの高分子溶液の示すG'とG''をG'_0とG''_0でそれぞれ割ったG'/G'_0とG''/G''_0の振動ひずみ依存性を四つに分類し[29)]，さらに高分子溶融体，サスペンション，エマルションなどの非線形領域についてもまとめている[30)]。

図11-a，b，cにC8，C12，C16に分散したサスペンションのG'/G'_0とG''/G''_0の振動ひずみ依存性をそれぞれ示す。得られた結果は，Hyunらの分類したもの[29)]とは一致しないが，分散媒によらずG'/G'_0の重ね合わせはϕを変えてもほぼ満足している。C16に分散したサスペンションのG''/G''_0もϕに関係なく重ね合わせられるのは，分散媒がシリカ表面に存在するヘキサデシル基へ浸透し，強く溶媒和するためである。一方，C8とC12に分散したサスペンションの非線形領域のG''/G''_0が分散媒に関係なくϕの増加に伴い増大していることと，G''/G''_0の極大値を示す振動ひずみの値が分散媒とϕに関係なくほぼ等しいことは，分散媒とヘキサデシル基の溶媒和がC16に比べて弱く，シリカ粒子同士の引力相互作用が強いことを示唆している。このことからも，C8とC12に分散したサスペンションが強く結合したゲルに分類されることは納得がいく。

片岡と川口はAerosil 130を分子量の異なる3種類のシリコーンオイルで物理吸着させ表面修飾したシリカを，シリコーンオイルの良溶媒であるn-ヘキサデカンに分散したサスペンションゲルの動的粘弾性の振動ひずみ依存性を検討している[25)]。G'_0とG''_0は共にϕの増加に伴い増大し，ϕを一定に保った場合のそれぞれの値はシリコーンオイルの分子量の増加に伴い増大している。これは，吸着したシリコーンオイル鎖同士の絡み合い効果による。また，G'_0とϕの両対数プロットは狭いϕの範囲ではあるがスケーリング則[14)]を満たし，そのプロットのベキ指数はシリコーンオイルの分子量の増加に伴い5.49，5.13，4.40と減少している。一方，γ_cはϕに関係なくほぼ一定の0.2 %で，シリコーンオイルの分子量を変えてもほとんど変化しないので，フラクタルゲルモデル[14)]によるゲルの種類の断定はできない。

(2)　極性有機溶剤中の疎水性シリカサスペンション

極性有機溶剤に疎水性シリカを分散すると，分散媒とシリカ表面の疎水基あるいは残存シラノール基の相互作用によって分散安定性やレオロジー特性などが変化する。SmithとZukoskiは3種類の親水性ヒュームドシリカのCa-O-Sil M-5，HS-5，EH-5をそれぞれエタノールに分散後，3-(トリメトキシシリル)プロピルメタクリラート（TPM）で物理的に被覆し，テトラヒドロフルフリルアルコールに再分散したサスペンションの特性を動的光散乱法，x線散乱法，レオメータで検討している[31)]。被覆された粒子はTPMの立体的反発力で分散安定化し，シリカの種類に関係なく一次粒子のサイズは16 nm，凝集体のサイズは50 nm前後でほぼ同じとなり，安定な凝集体を形成している。

一方，サスペンションの流動曲線はシリカの種類に関係なくシリカ濃度の増加に伴いニュートン流れ，シアシニング挙動，シアシックニング挙動へと変化している。また，サスペンションのせん断速度をゼロに外挿した粘度，高せん断速度での粘度および拡散挙動は，シリカの種

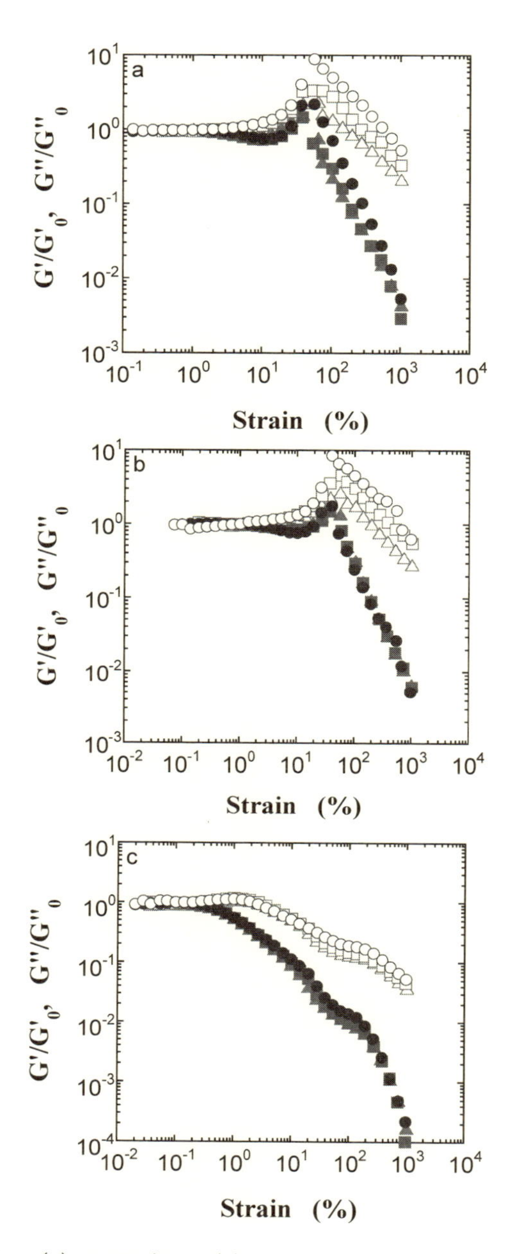

図11　n-オクタン（a），n-ドデカン（b），n-ヘキサデカン（c）に分散したϕ=0.05（三角印），0.07（四角印），0.09（丸印）の疎水性シリカサスペンションのG'/G'_0（塗りつぶし記号）とG''/G''_0（白抜き記号）の振動ひずみの関係

類によらずシリカ粒子の有効充填分率 ϕ/ϕ_m（ϕ_m は最大充填分率）にそれぞれ重ね合わせられている[31]。

続いて，Smith と Zukoski は Ca-O-Sil M-5 にヘキサメチルジシラザンを化学吸着したシリカ粒子をエタノール，ブタノール，ヘキサノールにそれぞれ分散したサスペンションのゲル化を検討している[32]。ゲル化の始まるシリカの体積分率 ϕ_{gel} はアルコールの炭素数の増加に伴い，水素結合能が低下するために減少することが，また，ゲル化時間は粒子の凝結を妨げるエネルギー障壁の有効性を表す安定性比 W と ϕ_{gel} で表されることが分かった。

片岡と川口は上述したシリコーンオイルを物理吸着したシリカを，シリコーンオイルの貧溶媒であるベンジルアルコールに分散したサスペンションゲルの動的粘弾性の振動ひずみ依存性を検討している[25]。ベンジルアルコール中の ϕ_{gel} は，PDMS が溶解しないので n-ヘキサデカンの場合に比べて低い。G'_0 と G''_0 は共に ϕ の増加に伴い増大するが，ϕ を一定に保った場合のそれぞれの値はシリコーンオイルの分子量の増加に伴い減少している。これは，吸着したシリコーンオイル鎖が溶解せず，粒子表面にパンケーキのような状態で存在し，低い分子量のシリコーンオイルほどパンケーキの数が多いので，疎水的相互作用が大きくなるからである。また，非線形領域の G' と G'' の値は n-ヘキサデカンの場合に比べて応答が悪く，振動ひずみに対してかなりばらついているのも，シリコーンオイルがベンジルアルコールに対して溶解しないからである。

G'_0 と ϕ の両対数プロットは狭い ϕ の範囲でスケーリング則[14]を満たし，プロットのベキ指数はシリコーンオイルの分子量の増加に伴い 3.68，3.89，4.21 と変化している。一方，γ_c の値はシリコーンオイルの分子量に関わらず ϕ の増加に伴いわずかに増大するので，Shih らのフラクタルゲルモデル[14]に従えば，ベンジルアルコール中のサスペンションは弱く結合したゲルに分類される。

安東と川口は VP-NKC130 をジオキサンに分散したサスペンションの定常流粘性率と動的粘弾性を検討している[27]。定常流粘性率測定から得られた異なる ϕ のサスペンションの $\dot{\gamma}=5\,\mathrm{s}^{-1}$ における τ の時間変化を図 12 に示す。n-ヘキサデカンに分散した場合と異なり，τ に持続的な振動が観察され，この振動は 60 分経過しても続くことが分かる。このような持続的な振動は $\dot{\gamma}$ が 0.3 から $30\,\mathrm{s}^{-1}$ の範囲で観察され，それ以外の $\dot{\gamma}$ の τ は n-ヘキサデカンに分散した場合と同様で，持続的な振動は観察されていない。振動する場合の τ は平均的な値を定常値と見なして求めた流動曲線はシアシックニング挙動を示し，シアシックニング挙動の観察されるせん断速度範囲が，τ の持続的な振動の起こる範囲にほぼ相当している。

ジオキサンに分散した VP-NKC13 サスペンションの冷中性子散乱実験から得られた $I(q)$ は，q に対してフラクタル領域では −2 乗，ポロド領域では −4 乗に従ってそれぞれ減少している。また，せん断速度を $\dot{\gamma}=0.1$ から $500\,\mathrm{s}^{-1}$ までのせん断流動下の $I(q)$ は変化し，q に関係なく $I(q)$ は τ が持続的振動を示すせん断速度範囲で増加し，その後減少し一定値となる。こ

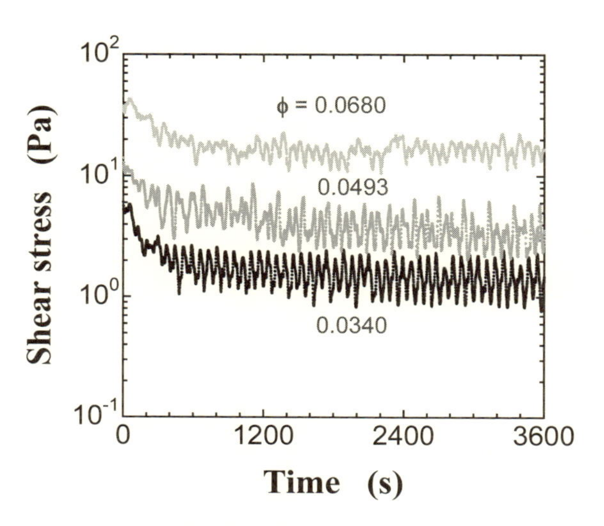

図12　ジオキサンに分散した異なるϕの疎水性シリカサスペンションの$\dot{\gamma}=5\,s^{-1}$におけるせん断応力の時間変化

のことは，$\dot{\gamma}=30\,s^{-1}$以下のせん断流れによってサスペンションの凝集構造の一部が崩壊して，散乱体の数の増加を示唆している。したがって，崩壊して数の増加した凝集体によって，τの連続的な振動とシアシックニング挙動が誘起されたと考えられる。

林と川口は湿式法で調製された$A_s=155\,m^2$で，一次粒子径が19 nmの親水性シリカの表面をシリコーンオイルで物理吸着した疎水化度の異なる2種類のシリカを，ベンジルアルコールに分散したサスペンションの分散安定性とレオロジー特性を検討している[33]。これら2つのサスペンションの相状態はϕの増加に伴いゾル，プレゲル，ゲルへと変化し，ϕ_{gel}の値はAerosil 130をシリコーンオイルで被覆した場合[25]に比べて高く，シリカの種類に関係なく0.20である。サスペンションの流動曲線は疎水化度に依存し，低い疎水化度（SS-10）のそれはシアシニング挙動に続き弱いシアシックニング挙動へと変化した。一方，高い疎水化度（SS-115）の場合はシアシニング挙動のみが観察されている。

高濃度の剛体球のη_rに対して提案された次のKrieger-Doughertyの式[34]が，フラクタル凝集構造を有するヒュームドシリカサスペンションに対してもうまく適応できることが示されている[35]。

$$\eta_r=\left(1-\frac{\phi}{\phi_m}\right)^{-[\eta]\phi_m} \tag{4}$$

ここで，ϕ_mは最密充填体積分率，$[\eta]$は固有粘度である。そこで，シアシニング挙動を示す$\dot{\gamma}=10\,s^{-1}$のη_rを式(4)と比較したところ，図13に示すようにη_rは疎水化度に関係なくうまく重ね合わせられた。疎水性ヒュームドシリカを鉱物油に分散した場合[35]に比べてϕ_mの値は高く，

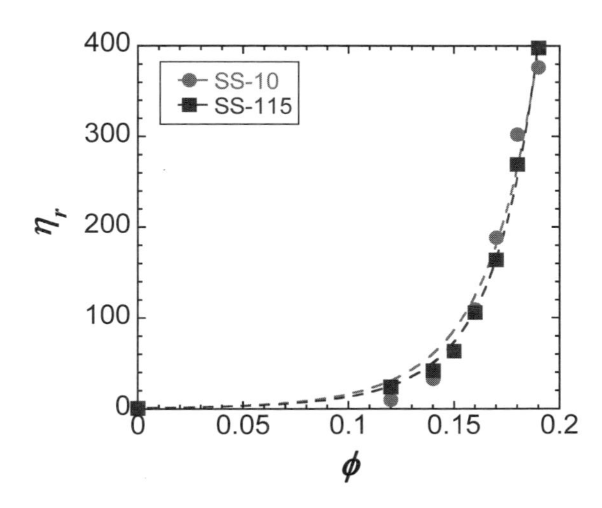

図13 ベンジルアルコールに分散した2種類の疎水性湿式シリカサスペンションの相対粘度 η_r と Krieger-Dougherty の式（破線）のフィッティング

$[\eta]$は低い。このことは，シリカ粒子がヒュームドシリカの場合に比べ蜜に充填されていることを示唆している。

同じ ϕ における動的粘弾性の線形領域の範囲は高い疎水化度のサスペンションのほうが狭く，G'_0 は高いので剛直で脆いが，シリコーンオイルで物理吸着したヒュームドシリカサスペンション[25]に比べて，線形領域は1桁広く，G'_0 は2桁以上低い。つまり，湿式法で調製したサスペンションは柔軟な凝集構造体であることが分かる。一方，非線形領域の動的粘弾性は，高い疎水化度のサスペンションのほうが強いストレインオーバーシュートを示し，その G' は振動ひずみに対して急激に低下している。

3 高分子中のサスペンションの事例

高分子溶融体を分散媒に用いる場合には，高分子鎖の絡み合い効果とその固体表面への吸着を考慮する必要がある。ここでは，シリコーンオイル，PEG，ポリプロピレングリコール(PPG)，末端修飾した PEG あるいは PPG に分散した，親水性あるいは疎水性ヒュームドシリカサスペンションの分散安定性やレオロジー特性などについて述べる。

3.1 シリコーンオイル中のシリカサスペンション

シリコーンオイルは典型的な有機と無機の混成の高分子で，化学薬品や熱に対して安定な物質であり，多くの分野で利用されている。シリコーンオイルのシロキサン結合は親水性シリカ表面のシラノール基に水素結合で吸着することは良く知られている。シリコーンオイル鎖の絡み合いはその分子量が 47×10^3 を超えると起こる[36]。シリコーンオイルにシリカを分散したサスペンションに関する研究は，シリコーンオイルの充填剤としてシリカを使う場合の補強機構を明らかにするなどの目的で1970年代後半から報告されている。ここでは，1990年以降のシリコーンオイルに分散した親水性シリカあるいは疎水性シリカサスペンションの代表的な研究について述べる。

3.1.1　親水性シリカサスペンション

Aerosil 130を用い，シリコーンオイルの分子量を変えてその吸着挙動やサスペンションの経時変化に着目し，サスペンションのレオロジー特性が検討されている。Arangurenらは絡み合いを起こす分子量以上のシリコーンオイルに ϕ を変えて調製したサスペンションついて，シリコーンオイルの吸着量や G' と G'' の振動ひずみ依存性を検討している[37,38]。シリコーンオイルの吸着量はその分子量の増加に伴い増大するが，ϕ に関係なく一定である。一方，G'_0 と G''_0 は後述する疎水性シリカサスペンションの場合と比べて高く，非線形領域における G' の減少割合は大きく，G'' に強いストレインオーバーシュートが観察されている。

DeGrootとMacoskoは分子量の異なるシリコーンオイルにAerosil 130を分散したサスペンションにおけるシリコーンオイルの吸着量と G'_0 の経時変化を検討している[39]。シリコーンオイルの分子量の増加に伴い，吸着量の平衡値に達する時間は長くなり，これに対応して G'_0 はゆっくりと減少し，吸着平衡で一定値となる。また，サスペンションの透過電顕写真は，分散後2か月以上経過しても，分子量の高いシリコーンオイルほどシリカ粒子の移動に伴う粒子の再集塊が容易に起こることも示している。

3.1.2　疎水性シリカサスペンション

Aerosil 130表面のシラノール基をシランカップリング反応で疎水化したシリカを，シリコーンオイルに分散したサスペンションの分散安定性やレオロジー特性などが検討されている。ArangurenらはAerosil 130をジメチルジクロロシランで反応したAerosil R972，ヘキサメチルジシラザンで反応したAerosil MS1，ヘキサメチルジシラザンとジビニルテトラメチルジシラザンを反応したAerosil MS2を，それぞれ分子量の異なるシリコーンオイルに ϕ を変えて調製したサスペンションついて，シリコーンオイルの吸着量や G' と G'' の振動ひずみ依存性および周波数依存性を検討している[37]。反応したシラノール基濃度はAerosil R972で10 %，Aerosil MS1とAerosil MS2は共に100 %である。疎水化によってシリコーンオイルの吸着量や G'_0 はAerosil 130の場合に比べて減少し，両者の減少割合は疎水化度が高いほど大きい。疎水化すると G'' にストレインオーバーシュートは観察されていない。このレオロジー特性は，吸着量が低いために吸着したシリコーンオイル鎖同士の絡み合い，吸着したシリコーンオイル鎖と吸着していないシリコーンオイル鎖の絡み合いがそれぞれ減少しているからである。

さらに，Arangurenらは異なる疎水基で表面処理したシリカ粒子を同じ分子量のシリコーンオイルで長い時間（3時間）かけて分散すると，サスペンション中の凝集体のサイズ分布はシリカの種類によらずほとんど同じであることを明らかにしている[38]。

DeGrootとMacoskoは分子量の異なるシリコーンオイルにAerosil MS1を分散したサスペンションについて，シリコーンオイルの吸着量とG'_0の経時変化を検討している[39]。Aerosil 130の場合に比べて吸着量の平衡値に達する時間は短く，その平衡吸着量は低く，これに対応して短い時間でG'_0は定常値に達する。また，サスペンションの透過電顕写真から，分散後2か月経過したサスペンションの状態はほとんど変化しないことも分かっている。

3.2　シリコーンオイル中のカーボンブラックサスペンション

カーボンブラック（CB）の基本特性である粒子径，凝集構造，表面特性はその原料に由来することが良く知られている。また，CBはタイヤ，インク，塗料，磁気テープなどの幅広い分野でサスペンションとして使用されている。川口らは分子量が6.6×10^3のシリコーンオイルにファーネス法で得たCB（一次粒子径：13 nm，A_s：390 m^2の三菱化学㈱製2600）を分散した$\phi=0.0136$から0.0864のサスペンションについて，τの過渡現象，流動曲線，G'とG''の振動ひずみと周波数の依存性を測定している[40]。サスペンション中にはCB表面のカルボキシ基とシリコーンオイルのシロキサン結合の水素結合によって集塊構造が形成されている。$\phi=0.0136$のサスペンションを除き，レオロジー応答の再現性は良く，ϕが0.0562以上のサスペンションの過渡現象には，低い$\dot{\gamma}$でのτがシグモイド的に減少する構造的崩壊と，高い$\dot{\gamma}$でのτがシグモイド的に増加する構造的構築がそれぞれ観察されている。一方，$\phi=0.0417$のサスペンションには，低い$\dot{\gamma}$での構造的崩壊と高い$\dot{\gamma}$でのストレスオーバーシュートがそれぞれ観察されている。定常値に達したτから計算されるη_aと$\dot{\gamma}$のプロットを図14に示す。ϕが0.0562以上のサスペンションにシアシックニング挙動が観察され，シアシックニング挙動が始まる臨界せん断速度は，過渡現象で構造的崩壊から構造的構築に変化する$\dot{\gamma}$に相当する。また，臨界せん断速度の値がϕの増加に伴い減少することは，剛体球の高濃度のサスペンションで得られる挙動と同じである。

一方，線形領域はϕにほとんど関係なく1％以下で，G'_0とG''_0は共にϕの増加に伴い増大し，非線形領域ではG''にストレインオーバーシュートが観察され，G'はG''に比べて振動ひずみの増加に伴い急激に低下している。一方，全てのϕにおいてG'とG''の周波数依存性はほとんど無く，G'_0はϕの2.6乗で増加している。このベキ指数がシリカサスペンションの場合に比べて小さいことと，CBサスペンションにシアシックニング挙動が観察されることは，CB粒子同士の相互作用がシリカ粒子に比べて弱いことを示唆している。

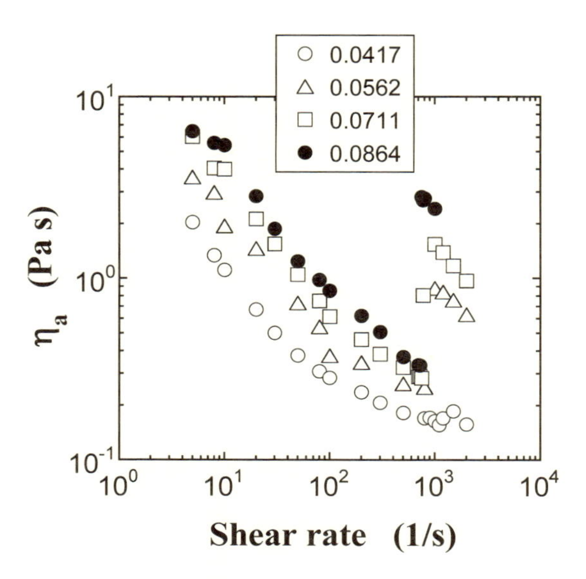

図14　シリコーンオイルにファーネス法で得たカーボンブラックを分散した ϕ=0.0417 から 0.0864 のサスペンションの見かけ粘度 η_a とせん断速度の関係

3. 3　シリコーンオイル中の酸化チタンサスペンション

酸化チタンは触媒，化粧品，塗料，インクなどの分野に使用され，そのサスペンション状態の理解が必要である。土井らは乾式法で調製される親水性ヒュームド酸化チタンと，そのチタン表面の水酸基を全てイソブチル基で化学変化した疎水性ヒュームド酸化チタンを，分子量の異なる3種類のシリコーンオイルに分散したサスペンションの分散安定性とそのレオロジー特性を検討している[41]。シリコーンオイルの最大分子量は 26.5×10^3 のため，シリコーンオイル鎖同士の絡み合いは考えなくてよい。シリコーンオイルは表面処理の有無によらず酸化チタン表面に吸着するが，その吸着量は表面処理に関係なく酸化チタンの仕込み量の増加に伴い減少することから，酸化チタンの表面は吸着に対して有効に利用されていないことが分かる。また，シリコーンオイルは親水性の酸化チタンに多く吸着し，酸化チタンの仕込み量が同じ場合においてシリコーンオイルの吸着量は分子量に関係なくほぼ一定である。さらに，疎水性の酸化チタンのほうが高い濃度（ϕ=0.0612）までシリコーンオイルに分散できる。

サスペンションの τ はせん断速度に関係なく短い時間で定常値に達し，その流動曲線はシリコーンオイルの分子量，酸化チタンの表面処理，ϕ に依存する。親水性酸化チタンを最も低い分子量のシリコーンオイル（1.25×10^3）に分散したサスペンションの流動曲線は，ϕ に関係なくシアシニング挙動を示し，それ以外の分子量のシリコーンオイルに分散したサスペンションは擬塑性流動を示している。ただし，最も低い分子量のシリコーンオイル以外に分散した最も

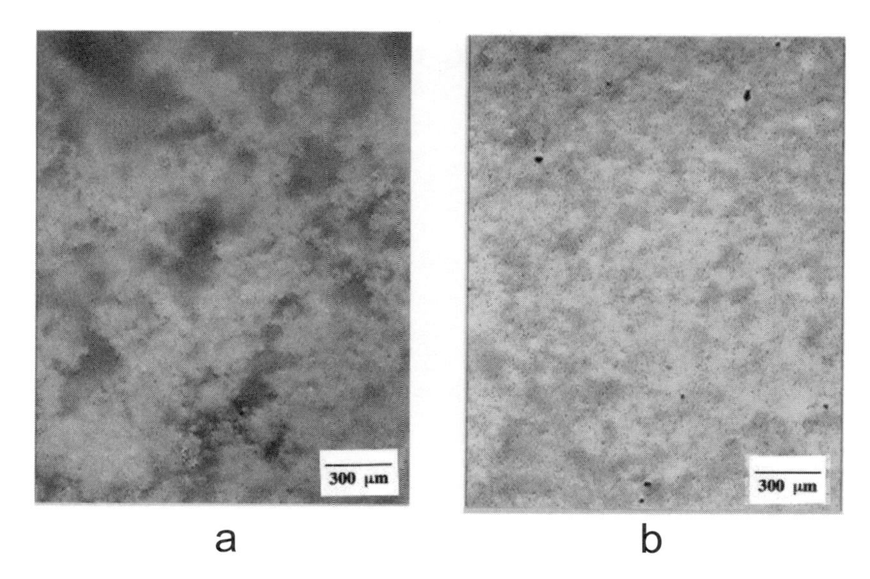

図15　シリコーンオイルに親水性（a）と疎水性（b）酸化チタンを分散したサスペンションの光学顕微鏡写真

高い $\phi=0.0424$ のサスペンションは，$\dot{\gamma}=50\,\mathrm{s}^{-1}$ を超えるとその一部がコーンプレートからはみ出してしまった。一方，疎水性酸化チタンサスペンションの流動曲線は，シリコーンオイルの分子量と ϕ（$\phi\leq 0.0612$）に関係なく擬塑性流動を示している。

親水性酸化チタンサスペンションの η_r は，$\dot{\gamma}$ の増加に伴い著しく低下するが，測定した $\dot{\gamma}$ 範囲内で疎水性酸化チタンの場合に比べて高い。このことから，親水性酸化チタンの大きな凝集構造はせん断によって壊れ易いが，充分に崩壊しないことが分かる。つまり，大きな凝集構造が，チタン表面の水酸基とシリコーンオイルのシロキサン結合の吸着相互作用で支えられていることを示唆している。大きな凝集構造の存在はサスペンションの図15の光学顕微鏡観察からも確認されている。疎水化による影響は，上述したシリカ粒子の場合とよく似ている[37~39]。

3.4　ポリグリコール中のシリカサスペンション

PEG，PPG，PEGあるいはPPGの末端水酸基を炭化水素基で修飾したポリグリコールに，親水性あるいは疎水性ヒュームドシリカを分散したサスペンションの分散安定性やレオロジー特性などに着目して述べる。親水性シリカとポリグリコールの主な相互作用は，シラノール基と分散媒の水酸基やエーテル結合の水素結合である。一方，疎水性シリカの場合は，置換基と分散媒の炭化水素鎖の疎水性相互作用と，残存するシラノール基と分散媒の水素結合である。

3.4.1　親水性シリカサスペンション

Khanらのグループは親水性シリカに A_s が約150 m^2 のAerosil D150[42]とAerosil 200[43,44]

を用いている。Aerosil D150はPPGに，Aerosil 200はPEG[43,44]，分子量の異なる3種類のPPG，そして末端修飾したPEGにそれぞれ分散されている[44]。

PPGに分散したAerosil D150サスペンションは[42]分散媒と粒子の相互作用が強いので分散性が向上し，$\phi=0.044$のサスペンションのG'_0はG''_0より低く，G'とG''は共に周波数依存性を示す。また，同じサスペンションのG'とG''の振動ひずみ依存性にシアシックニング挙動も観察されている。一方，定常流粘性率測定から得られる流動曲線にもシアシックニング挙動が現れて，臨界せん断速度はϕの増加に伴い低下している。一定の振動ひずみγ_0におけるG'とG''から計算される複素粘性率$\eta^*=\left(\sqrt{G'^2+G''^2}/\omega\right)$と$\omega$のプロットにもシアシックニングのような挙動が得られている。また，η_aと$\dot{\gamma}$のプロットがη^*と$\gamma_0\omega$のプロットに重なる，すなわち修正Cox-Metz則[45]が非線形領域まで成り立つことも分かっている。このことは，せん断で一時的に生ずるクラスター，すなわち集塊体の存在するクラスター機構で説明できることを示唆している。

PEGに分散したAerosil 200サスペンションは[43,44]，Aerosil D150の場合[42]と同様，$G'_0<G''_0$で，G'とG''は共に周波数依存性を示し，流動曲線はシアシックニング挙動を示す。同じ濃度（$\phi=0.044$）でPPGとPEGに分散したサスペンションのG'とG''の周波数依存性は分散媒によらず良く一致しているが，臨界せん断速度の値は後者のほうが高い。一方，PPGの分子量が増加すると，η_aは高くなるが，臨界せん断速度の値は低くなる。さらに，シアシックニング挙動を示す領域でη_rとτのプロットがPPGの分子量（425から3000）に関係なくほぼ重なることは，分散媒の粘度が変化してもサスペンションの凝集構造は変化しないことを示唆している。

Aerosil 200をPEGの片末端の水酸基をメチル基で修飾したPEG-mに分散したサスペンションは[44]，PEGに分散した場合と同じくシアシックニング挙動を示すが，臨界せん断速度までのη_aは低い。また，PEG-mに分散したAerosil 200サスペンションはPEGに分散した場合と同じく$G'_0<G''_0$で，前者のG'_0とG''_0は後者の場合に比べて共に低く，G'とG''の周波数依存性は強く，分散性がかなり高くなっている。一方，PEGの両末端の水酸基をメチル基で修飾したPEG-dmに分散したAerosil 200サスペンションはゲル状態を示し，その流動曲線は擬塑性流動を示し，G'_0はG''_0に比べて高く，その値は10^4 Paを超え，G'とG''は共に周波数依存性をほとんど示さない。

Galindo-RosalesとRubio-HernandezはAerosil 200を分子量400と2000のPPGに分散したサスペンションについて，定常流粘性率測定とG'とG''の振動ひずみ依存性を測定している[46]。分子量400のPPGに分散したサスペンションの流動曲線はKhanらのグループ[44]と同じく，シアシックニング挙動を示している。一方，分子量2000のPPGに分散したサスペンションの流動曲線は擬塑性挙動を示し，G'_0はG''_0に比べて高く，G'の周波数依存性はG''の場合に比べて弱い。この違いは，長いPPGのほうが溶媒和効果は低下するので，凝集体同士の接触が可能となり，サスペンションはゲルのように振る舞うためである。

3.4.2　疎水性シリカサスペンション

Khan らは，疎水性シリカとして Aerosil 200 のシラノール基の半分程度をジメチル基とオクチル基でそれぞれ修飾した Aerosil R974 および Aerosil R805 を使用している[43,47]。PPG に Aerosil R974 と Aerosil R805 をそれぞれ分散したサスペンションは共にゲル状態を示し，後者の G'_0 は前者に比べて高く，後者の G' の周波数依存性のほうが前者に比べて弱いのは，疎水基の長い Aerosil R805 サスペンションほうがゲル構造は強いことを示唆している。また，このサスペンションの G'_0 は同じシリカを鉱物油に分散した場合よりも低く，G'_0 は ϕ^6 に従い増加する。さらに，Aerosil R974 と Aerosil R805 のサスペンションの光散乱強度が共に $q^{-0.6}$ に従い減少することから，凝集体は密に詰まって存在していないことを示唆している[47]。

一方，PEG に Aerosil R974 と Aerosil R805 をそれぞれ分散したサスペンションの示す動的粘弾性は共にゲル挙動を示すが，後者の G'_0 が前者に比べて 2 桁以上高く，その値は 10^4 Pa を超えている。Aerosil R974 を PEG-dm あるいは PEG-m に分散したサスペンションの動的粘弾性測定から，前者の G'_0 は G''_0 より高く，G' と G'' は弱い周波数依存性を示すが，後者の G'_0 は G''_0 より低く，G' と G'' は強い周波数依存性を示す。つまり，分散媒を PEG-dm から PEG-m へと変えると，Aerosil R974 サスペンションは固体的粘弾性体から液体的粘弾性体へと変化する。一方，Aerosil R805 を PEG-dm あるいは PEG-m にそれぞれ分散すると，Aerosil R974 サスペンションと同じように G'_0 は低下するが，G' と G'' の周波数依存性はほとんど無く，Aerosil R805 サスペンションはゲル状態を示す[43]。さらに，Aerosil R805 サスペンションの G'_0 は有効的な溶解度パタメータ $(\delta_s-\delta_m)^2$ に比例することも分かっている。ここで，δ_s と δ_m はそれぞれシリカおよび分散媒の溶解度パラメータである。

Aerosil 200 シリカ表面のシラノール基のほとんど全てをエチル，オクチル，オクタデシル基でそれぞれ修飾し，PEG に分散したサスペンションは，炭化水素鎖に関係なく G'_0 は G''_0 より高く，G' と G'' の周波数依存性のないゲル状態を示す[43]。エチル基で修飾したサスペンションの G'_0（200 Pa）はオクチルあるいはオクタデシル基で修飾した場合に比べて 2 桁低く，オクチル基で修飾したサスペンションの G'_0 は Aerosil R974 の場合に比べて高く，オクタデシル基で修飾した場合の G'_0 は Aerosil R805 の場合に比べてわずかに低い。このことは，PEG に分散できる疎水性シリカサスペンションのレオロジー特性が，修飾する炭化水素鎖の長さによって制御できることと，そのためには，炭化水素鎖の長さは炭素数が 8 で，かつ表面修飾率は 50 %程度で十分であることを示唆している。また，オクチル基によるシラノール基への修飾率を制御した疎水性シリカを PEG に分散したサスペンションの動的粘弾性測定から，サスペンションが修飾率の増加に伴い液体的粘弾性体からゲルへと変化することも分かっている。

城野らは Aerosil 130 のシラノール基をヘキシル基からオクタデシル基の 5 種類の直鎖炭化水素基で修飾し，ほぼ同じアルキル鎖密度の疎水性シリカ（表 1）をエポキシ樹脂に分散した

表1　異なる炭化水素鎖で修飾したシリカの表面物性とシリカ表面へのエポキシ樹脂の吸着量

炭化水素鎖	A_s (m^2/g)	シラノール基密度 (m mol/100 g)	アルキル基密度 (m mol/100 g)	吸着量 (mg/g)
C6	80	23	24	2.0
C8	79	19	22	0.9
C10	79	16	23	0.6
C16	98	15	22	0.3
C18	97	16	25	0.2

サスペンションの分散安定性の評価，エポキシ樹脂の吸着量測定，定常流粘性率測定，動的粘弾性測定について ϕ を 0.0055 から 0.040 まで変えて検討している[48]。ϕ=0.028 のサスペンションでのエポキシ樹脂の吸着量は，表1に示すようにアルキル鎖の長さの増加に伴い減少している。

サスペンションの流動曲線は炭化水素基の長さと ϕ に依存し，ヘキシル基で修飾したサスペンションの場合は ϕ によらずシアシニング挙動を，オクチル基で修飾した場合は ϕ=0.028 までシアシニング挙動を，ϕ=0.040 で擬塑性流動を，デシル基以上で修飾した場合はシアシニング挙動を示す ϕ=0.0055 を除き，擬塑性流動から第二ニュートン流れへの変化をそれぞれ示している。一方，G' と G'' の周波数依存性から，炭化水素鎖の長さに関係なく ϕ=0.0055 の全てのサスペンションと，ヘキシル基で修飾した全てのサスペンションは液体的粘弾性体に，これら以外のサスペンションは固体的粘弾性体に，特に，ϕ の増加に伴いヘキサデシルあるいはオクタデシル基で修飾したサスペンションはゲル状態にそれぞれ分類される。また，デシル基以上の炭化水素鎖で修飾したサスペンションの G'_0 は $\phi^{3.3}$ のべき乗則に従い増大し，一方，γ_c は $\phi^{-0.92}$ に従い減少していることから，Shih らのフラクタルゲルモデル[14]に従えばサスペンションは強く結合したゲルに相当する。

4　高分子溶液中のサスペンションの事例

分散安定剤として高分子を使用する場合には，高分子を溶媒に溶解した状態で固体粒子と混合し，高分子の固体表面への吸着を利用するのが一般的である。したがって，高分子の吸着を促進させるには，第3章の3.2.1節で述べたように溶媒にはできる限り極性の低いものを選ぶ必要がある。ここでは，高分子を水あるいは有機溶剤に溶解した高分子溶液に親水性あるいは疎水性シリカ，CB，酸化セリウム（セリア）粒子をそれぞれ分散させたサスペンションの高分子の吸着挙動，サスペンションの分散安定性，レオロジー特性などについて述べる。

4.1　高分子水溶液中のサスペンション

第5章の3節で述べたように乳化剤としても有効なHPMCとPNIPAMに加え，ポリジメチルアクリルアミド（PDMAM）をシリカ粒子，ナフィオンをCB粒子，ポリビニルピロリドン（PVP）をセリア粒子の分散安定剤にそれぞれ用いて調製したサスペンションの特長について述べる。

4.1.1　シリカサスペンション

HPMCの吸着したAerosil 130サスペンションの冷中性子線による散乱曲線は図6と見事に重なり[5)]，HPMCの吸着によってシリカ粒子の凝集構造は全く変化しないことが分かっている。また，図16に示すHPMCのAerosil 130への吸着等温線がシリカの添加量に関わらず重なることは，シリカ粒子の表面がHPMCの吸着に対して極めて有効的に働いていることを示唆している[5)]。

Snowtex CにHPMCを吸着させた場合の冷中性子線による散乱曲線と吸着等温線をそれぞれ図17と図18に示す[5)]。散乱曲線にはシリカ粒子が静電的反発力で安定化され，擬結晶のような規則的な構造を形成していることを示唆するブラッグの反射に対応するピークが観察される。このピークがHPMCの吸着によって全く変化しないことは，HPMCの吸着によってSnowtex Cの規則的な構造は変化しないことを示唆している。

一方，HPMCのSnowtex Cへの吸着量はシリカの仕込み濃度が高いほど低く，吸着平衡に達する時間は10日を要している。これは，シリカ粒子が規則的な構造を形成しており，シリカ粒子濃度が高いほど粒子間隔は短くなり，HPMCの吸着が抑制されるためである。つまり，

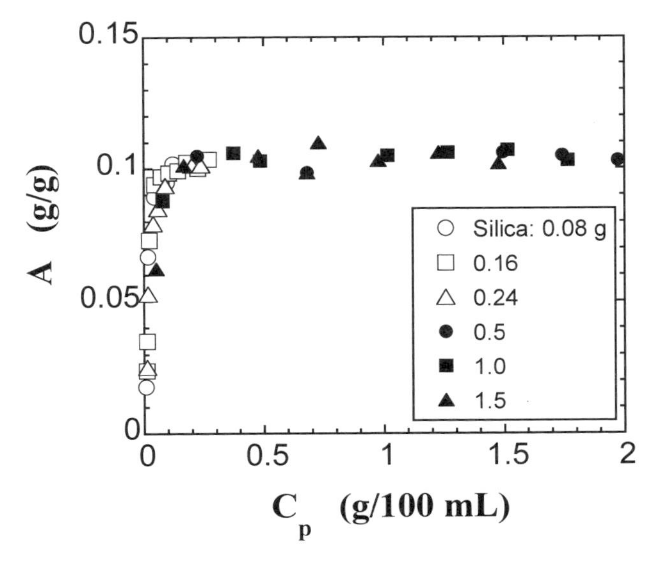

図16　異なる添加濃度のAerosil 130へのHPMCの吸着等温線

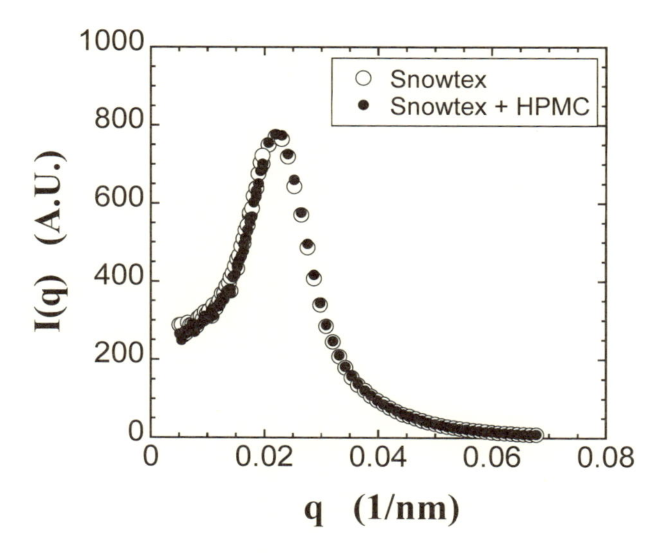

図17　コロイダルシリカ Snowtex C（○）と HPMC の吸着したコロイダルシリカ Snowtex C サスペンション（●）の冷中性子線による散乱曲線

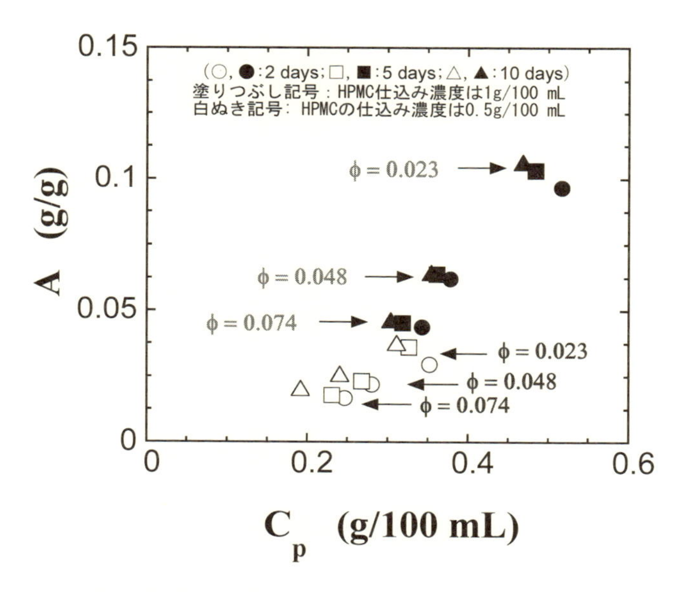

図18　異なる濃度のコロイダルシリカ Snowtex C への HPMC の吸着量に対する吸着時間の影響

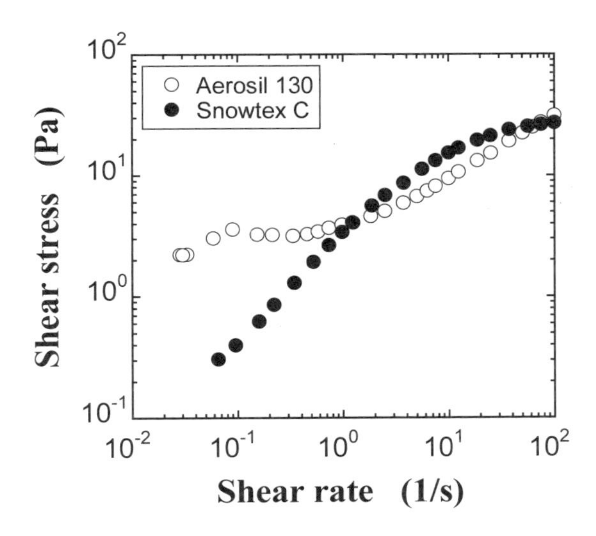

図 19　HPMC 水溶液に ϕ=0.036 の Aerosil 130（○）および Snowtex C（●）を分散したサスペンションの流動曲線

Snowtex C 表面は，ヒュームドシリカに比べて HPMC の吸着に対して有効的に作用しないことが分かる。

図 19 に 1.5 g/100 mL の HPMC 水溶液に ϕ=0.036 の Aerosil 130 および Snowtex C を分散したサスペンションの流動曲線を示す。前者は $\dot{\gamma}$=0.1 s^{-1} 辺りに，シリカ粒子の集塊構造の一部の崩壊と再構成を示唆するこぶに続く平坦部を含む擬塑性流動を示し，後者はシアシニング挙動を示す。また，両者の動的粘弾性挙動にも違いが見られた。Aerosil 130 サスペンションの G'_0 は G''_0 に比べて高く，G' と G'' の周波数依存性の弱い固体的粘弾性挙動を示し，Snowtex C サスペンションの G'_0 は G''_0 に比べて低い液体的粘弾性挙動を示している。

PNIPAM は親水性あるいは疎水性シリカ表面に吸着し，PNIPAM の吸着等温線における平坦部での吸着量はシリカの種類に関係なく 0.13±0.01 g/g となり，それぞれのシリカ粒子の分散安定性を向上させている[49]。PNIPAM 水溶液に Aerosil 130 あるいは Aerosil 300 を分散し，PNIPAM の吸着量を 0.13±0.01 g/g に保った ϕ=0.036 から 0.072 のサスペンションの流動曲線は，シリカの種類によらず ϕ の増加に伴いシアシニング挙動から擬塑性流動に変化している。これは，一次粒子サイズの大きい Aerosil 130 のほうが疎な凝集構造を形成するために，せん断流動に対する有効的な ϕ が大きくなることによるもので，τ の値は高くなっている。

Aerosil 130 をジメチル基で修飾した Aerosil R972 と，Aerosil 300 をトリメチル基で修飾した Aerosil R812 をそれぞれ PNIPAM 水溶液に分散すると，シリカ表面に疎水基が存在するために PNIPAM が吸着平衡に達するまで 10 日間要している。PNIPAM の吸着量を 0.13±0.01 g/g に保った ϕ=0.036 から 0.072 の疎水性シリカサスペンションの流動曲線の ϕ 依存性は，親水性シリカサスペンションの場合と良く似ており，τの値は疎水基の嵩高い Aerosil R812 のほうが Aerosil R972 に比べて高くなっている。

4.1.2　カーボンブラックサスペンション

CB を安定に分散するために，水とイソプロピルアルコールの混合溶媒にナフィオンを溶解した溶液に分散した CB サスペンションの分散安定性とレオロジー特性が検討されている[50]。CB 濃度を変えた場合のナフィオンの吸着等温線は CB 濃度に依存するため，CB 表面はナフィオンの吸着に対して有効的に利用されないことが分かっている。CB サスペンションの流動曲線はナフィオンの吸着量に関係なく，$\dot{\gamma}=50\,s^{-1}$ を超えるとシアシニング挙動を示している。τの値がナフィオンの吸着量の増加に伴い低下することは，CB サスペンションの分散安定性の向上を示唆している。また，せん断流動下での冷中性子線の散乱実験にも，シアシニング挙動を示す $\dot{\gamma}$ 領域でサスペンションの凝集構造の一部崩壊を支持する $I(q)$ の低下から増加への変化（図 20）が観測されている。

4.1.3　セリアサスペンション

セリアはシリコン基板の CMP における研磨剤として広く利用されている。セリアは密度が高く，高分子分散剤を用いても水中に長時間安定に分散させることは難しく，幾つかの水溶性高分子が利用されているが，満足な結果は得られていない。下野ら[51]と西口ら[52]は，共に PVP 水溶液にセリア粒子を分散したサスペンションの分散安定性，PVP の吸着特性，そしてシリコン基板に対する CMP 特性について検討している。分子量の異なる PVP の水溶液にセリアを加えた分散状態の写真を図 21 に示す。調製後 3 週間経過すると，PVP が無添加のサス

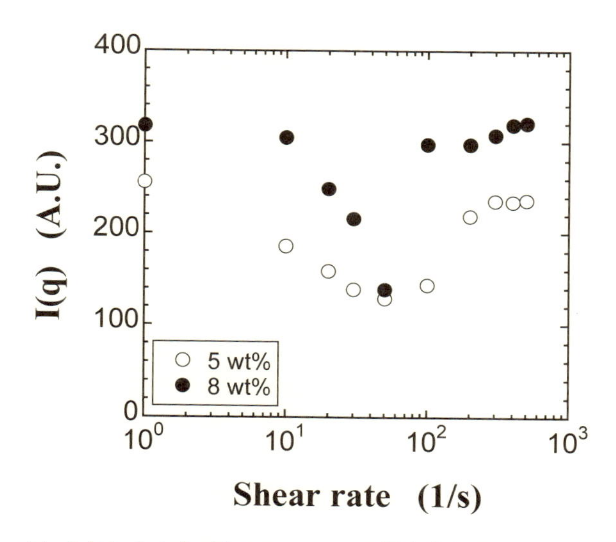

図20　ナフィオンの水とイソプロピルアルコールの混合溶媒溶液に分散した異なる濃度のカーボンブラックサスペンションの冷中性子線の散乱強度とせん断速度の関係

混合直後　　　　　　　　混合3週間後

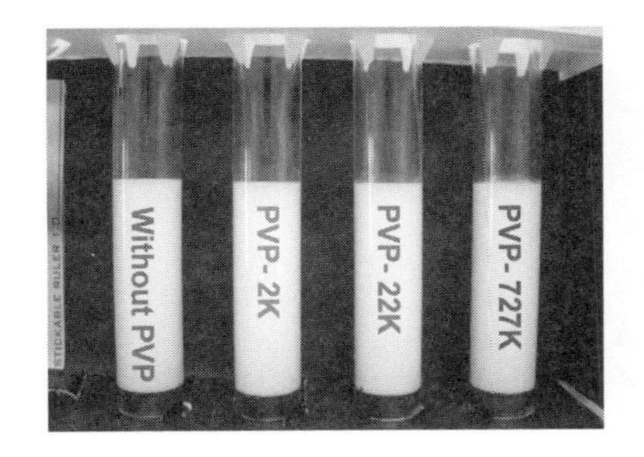

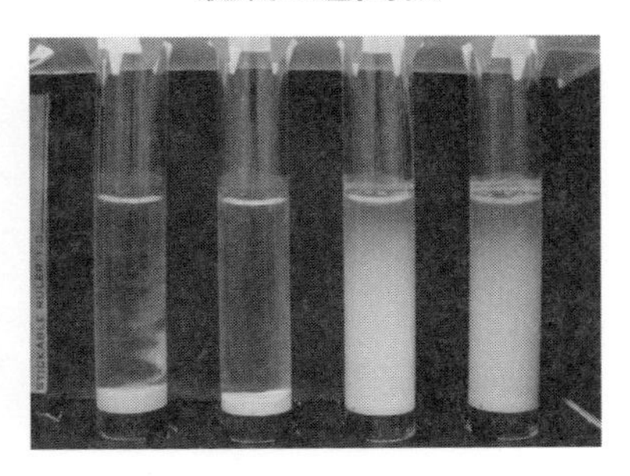

図21　分子量の異なるポリビニルピロリドン（PVP）水溶液に分散したセリアサスペンションの分散状態と時間経過の写真
右図の試験管は左から順に左図の標記と同じである。

ペンションと分子量2.1×10^{3}のPVP（PVP-2K）を添加した場合には，ほとんどのセリア粒子が沈殿してしまう。一方，分子量の高いPVP（PVP-22KあるいはPVP-727K）を添加した場合には，沈殿しているセリア粒子の量は少なく，分散安定性の向上していることが分かる。PVPの平衡吸着量とその流体学的吸着層厚さは分子量の増加に伴い増大しており，高い分子量のPVPがセリア粒子の分散安定性の向上に寄与していることを支持している。

4.2　非水溶性高分子溶液中のシリカサスペンション

高分子の溶液物性の研究において代表的な標準物質である分子量分布の狭いポリスチレン（PS）のトランスデカリン（t-デカリン）溶液に，Aerosil 130やジメチルポリシロキサンにて表面処理したAerosil R202をそれぞれ分散したサスペンションについて，その分散安定性とレオロジー特性が検討されている。

4.2.1　親水性シリカサスペンション

異なる分子量のPSのt-デカリン溶液からのAerosil 130への吸着等温線の平坦部における吸着量は，分子量の増加に伴い増大している[53)]。吸着等温線の平坦部における吸着量でのサスペンションの冷中性子線のフラクタル領域とポロド領域の$I(q)$は，qに対して-2.0および-3.2のべき指数でそれぞれ減少しているが，PSの分子量の違いによる変化はない。ただし，ギニエ領域での低いq領域における$I(q)$は分子量の増加に伴い高くなり，PSの吸着によってシリカ粒子の集塊構造の一部が崩壊して凝集体の数が増えていることを示唆している。

また，図22に示すように，$\phi=0.025$と0.05のサスペンションのG'の周波数依存性も吸着したPSの分子量に依存している。G'の値はPSの分子量が100×10^{3}以下の場合は分散媒に分散したサスペンションとほぼ同じであるが，PSの分子量が335×10^{3}を超えるとG'に一桁以上の低下が観察されている。これは，高い分子量のPSの吸着によって一部の集塊体が崩壊することを示し，冷中性子線の散乱実験の結果を支持している。

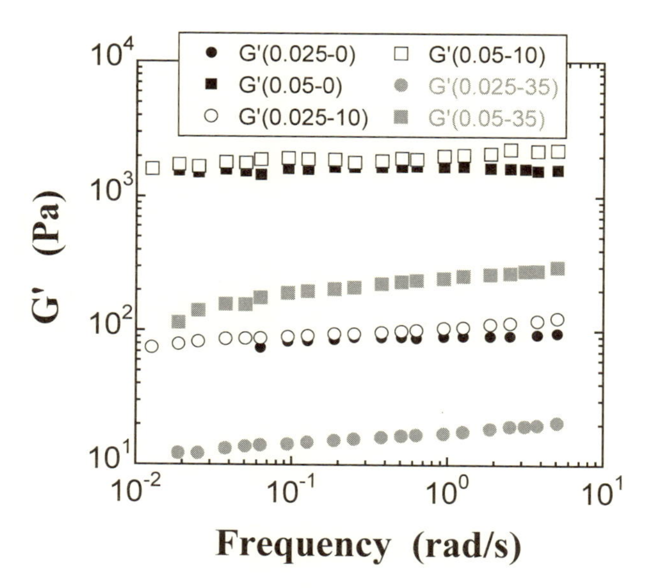

図22　t-デカリンあるいは異なる分子量のポリスチレン（PS）のt-デカリン溶液に分散した異なる濃度のシリカサスペンションの G' と周波数の関係
カッコ内の数字は順に ϕ で記したシリカ濃度とPSの分子量を 10^4 で除した値である。

4. 2. 2　疎水性シリカサスペンション

高分子の枯渇作用について，川口らはAerosil R202をPSのt-デカリン溶液に分散したサスペンションのレオロジー特性などから検討している[54]。Aerosil R202表面にPSは吸着しないため，枯渇作用の働くことが期待できる。このサスペンションの冷中性子線のフラクタル領域やポロド領域の $I(q)$ は，q に対して -2.0 および -3.0 のべき指数でそれぞれ減少している。ポロド領域のべき指数は，表面の形状がAerosil 130サスペンション[53]に比べて平らではないことを示唆している。

一方，PSの有無に関係なくサスペンションの G'_0 は G''_0 より大きく，G'_0 はAerosil 130サスペンション[53]に比べて2桁低いが，PSの分子量に関係なく，その添加濃度の増加に伴い増大している。これは，枯渇作用によってシリカ粒子の凝集構造が，せん断に対して剛直になっていることを示唆している。

5　サスペンションの応用とその事例

サスペンションの応用事例として，セラミック系押し出し成型への応用，セメント系押し出し成型への応用，モルタルへの応用，コンクリートへの応用について述べる。

5.1　セラミック系押し出し成型への応用

図23に示すような断面形状が一定のハニカム形状やパイプ形状のセラミックを得るためには，セラミックの粉体を水溶性のバインダーと共に混合・混練して得られる粘土状態物をダイスから押し出し成型後，乾燥・焼成している[55)]。そのために粘土状にしたセラミックは，その潤滑性を高め，押し出し成型装置内を容易に搬送でき，ダイス中で形状変化した吐出後の形状を乾燥の完了まで相似的に収縮する必要がある。また，セラミック押し出し成型体は，通常，加熱乾燥されるので，乾燥に至るまでにその形状が変化してしまう場合もある。そこで，水溶液を加熱した時にゲル化して粘弾性の向上するMCが，セラミックの押し出し成型でよく使われている。押し出し成型組成物は水中にセラミック粒子の分散したサスペンションであり，セラミック粒子の凝集を防ぎ，安定に分散させることが必要である。セラミック粒子の固形分濃度が低く，サスペンションが容器を傾けた程度で流動するくらいであれば，低分子の界面活性剤でサスペンションを分散安定化できる。しかし，粘土細工の粘土のように，大きな力を加えないと変形しないセラミック粒子濃度の高い押し出し成型組成物では，低分子の界面活性剤のみで分散状態を保つことは困難な場合が多い。また，組成物に力を加えるとダイラタンシーが見られることもある。このような場合において，MCは，第4章の図23に示したように親水基である水酸基と疎水基であるメチル基が分子内にあり，セラミック粒子に吸着して粒子同士の凝集を抑制する効果がある。

チタン酸バリウムにMCを添加し添加水比を変えて混練して得られた組成物と，MCのように加熱して粘弾性の高いゲルにならないHPCを同様に添加した組成物のそれぞれの押し出し

図23　セラミック成型体の例
出典：斉藤肇，ファインセラミックスの活用・上，p.80　写真1，
㈱大河出版（1986）

成型特性を図24に示す[56]。得られた組成物を10 mmの径のピストンに入れ，20 ℃にて50 mm/minの一定速度でピストンにロッドを押し込んで，2 mm径のダイスから一定量の円柱棒を押し出し成型した際の加重を潤滑性の指標として図24-aに示す。一方，押し出し成型した練り物30 gを丸めて平板金属ではさみ，20 kgのおもりを2分間かけて，つぶれて広がった円形の径を測定した結果を軟度として図24-bに示す。成型装置にて50 kg/cm^{2}の加重で組成物を調製した場合，吐出成型されたものの軟度は，MCの方がHPCより大きい。すなわち，同じ潤滑性で，押し出し成型に必要な荷重が同じ場合には，MCを添加した方が成型体の形は崩れ難く，保形性に優れていることが分かる。

MCとHPCの分子量が数10万程度の各種バインダー水溶液の20 ℃における動的粘弾性を図25に示す。粘土状に混練りした押し出し成型用のセラミック組成物においては，バインダーの水溶液中の濃度が10 %を超える程度にしないと，成型後の乾燥工程で結合性（バインダー力）が不足し，次工程の焼成工程に搬送できる強度に達しないことが分かっている。図25から分子量が同程度のバインダーの比較において，MCおよびHPMCはHPCを含む他のバインダーに比べて高い粘弾性を示すことが分かる。MCとHPMCは共に押し出し成型される20 ℃では熱ゲル化を起こさないが，セラミックの押し出し成型用の混練組成物におけるMCとHPMCの濃度は高く，第4章の5.1節で解説した熱ゲル化を起こす状態にある。吸着してない

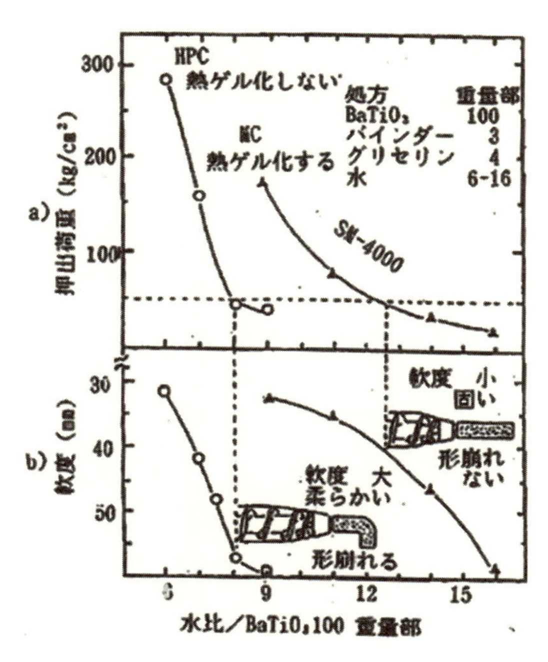

図24　セラミック押し出し成型用組成物の潤滑性 a）と保形性 b）
出典：早川和久，成形用有機添加物，p.90　㈱テイ・アイ・シー（1993）

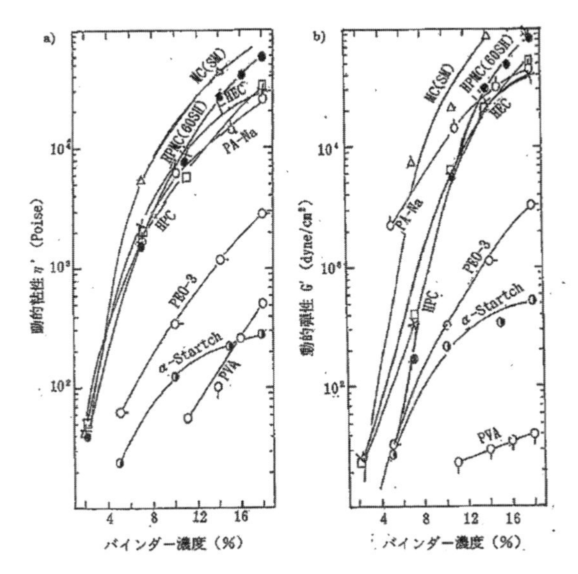

MC:メチルセルロース
HPMC:ヒドロキシプロピルメチルセルロース
HEC：ヒドロキシエチルセルロース
Pa-Na ：ポリアクリル酸ソーダ
HPC：ヒドロキシプロピルセルロース
PEO-3：ポリエチレンオキサイド
α－Starch: α化澱粉
PVA：ポリビニルアルコール

1 Hz、ひずみ 1%
岩本製作所チキソトロメーターで計測

図25 20℃での各種バインダーの動的粘性a) および動的弾性b) とバインダーの濃度の関係
出典：早川和久，成形用有機添加剤，p.96 ㈱テイー・アイ・シー（1993）

水溶液中のバインダーは，高い圧力で押し出されれば流動性や可塑性を付与し，一方，ダイスからの吐出後の静置状態では保形性に役立っている。また，セラミック粒子表面の吸着バインダー層，すなわちゲル弾性的な層は，セラミック粒子を囲み，セラミック粒子の潤滑をし易くしている。したがって，熱ゲル形成能のあるバインダーは，潤滑性と保形性が必要なサスペンション系では有効な保護コロイド剤である。

比較的少ないバインダー添加量で調製した押し出し成型用セラミックの混練組成物を，1 mm 程度の薄いシート状のセラミックシートにして押し出し成型し，そのシートの両端に乾燥中に亀裂の入る程度を観察した結果を図26に示す。図26には第4章の図26（10 wt%水溶液の各種バインダーの80℃における熱ゲル化物の強度値）が合わせて示してあり，乾燥中に入るクラック数は熱ゲル強度の高いバインダーほうが少ないことが分かる[57]。

サスペンション系から水の消失する過程において，水の蒸発する速度はすべての部位で均一でない。したがって，成型ダイスの壁面に接触するセラミック成型シートの両端の面積は，シートの内部に比べて大きいので，セラミック粒子の移動速度差によってかかるひずみは大きく，かつ乾燥過程での水の消失も多くなる。つまり，シートの両端は乾燥過程での水の消失に伴う収縮も早くなるため，バインダー添加量が少ないとそこからヒビ割れクラックが乾燥中に生じる。この場合，セラミック成型用組成物中のMC類が熱ゲル化して高い強度を発現することで，熱ゲルの網目の中にセラミック粒子が埋め込まれた形のまま水のみが乾燥・蒸発すれば，乾燥中の部分的に不均一な収縮によって起こる割れクラック発生は抑制されると考えられ

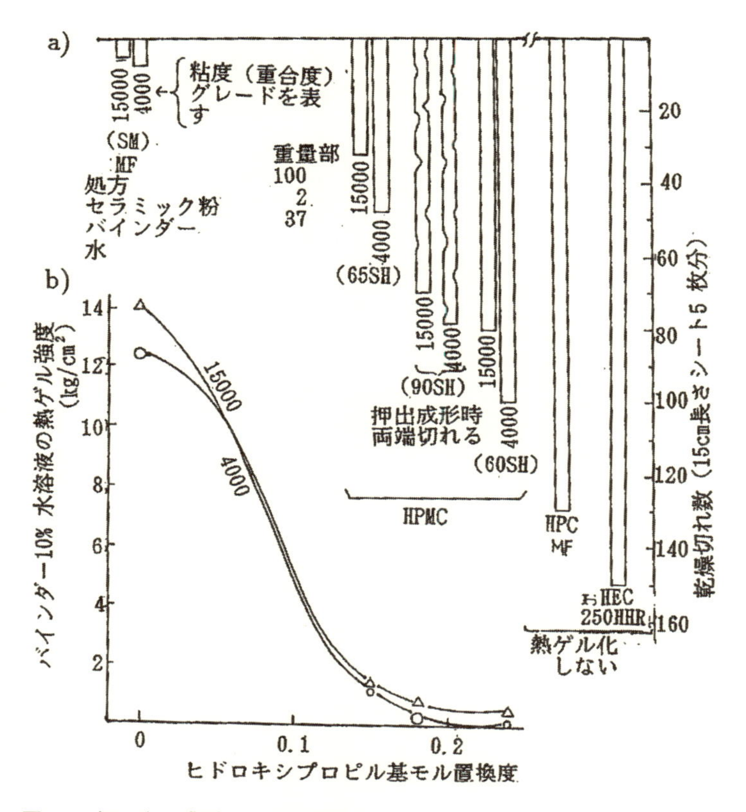

図26　押し出し成型シートの両端クラックと10 wt%水溶液の熱ゲル強度
出典：早川和久，助剤でこんなに変わるセラミックス，p.83　図3.12
㈱テイー・アイ・シー（1998）

る。以上のことから，図26に示すように水溶液の熱ゲル強度の高いMCあるいはHPMCを添加した場合には，乾燥中のクラックの発生数が少なくなる。

セラミックの押し出し成型のようにバインダー効果が不可欠なサスペンションの実際的応用では，セラミック粒子の濃度変化に対して均一に分散安定化するようなサスペンションの調製が必要である。

5.2　セメント系押し出し成型への応用

前節のセラミック押し出し成型のサスペンション系については，自硬性のないセラミック材料粉の押し出し成型について記述したが，ここでは，自硬性のあるセメントから得られる成型体を外壁材などの建材に応用する場合について述べる。

一般家屋や低層のビルの外壁材では，不燃性，耐衝撃強度を含む建材としての強度と寸法安定性が必要とされる。図27にセメント系押し出し成型の材料・工程・製品例を示す。セメン

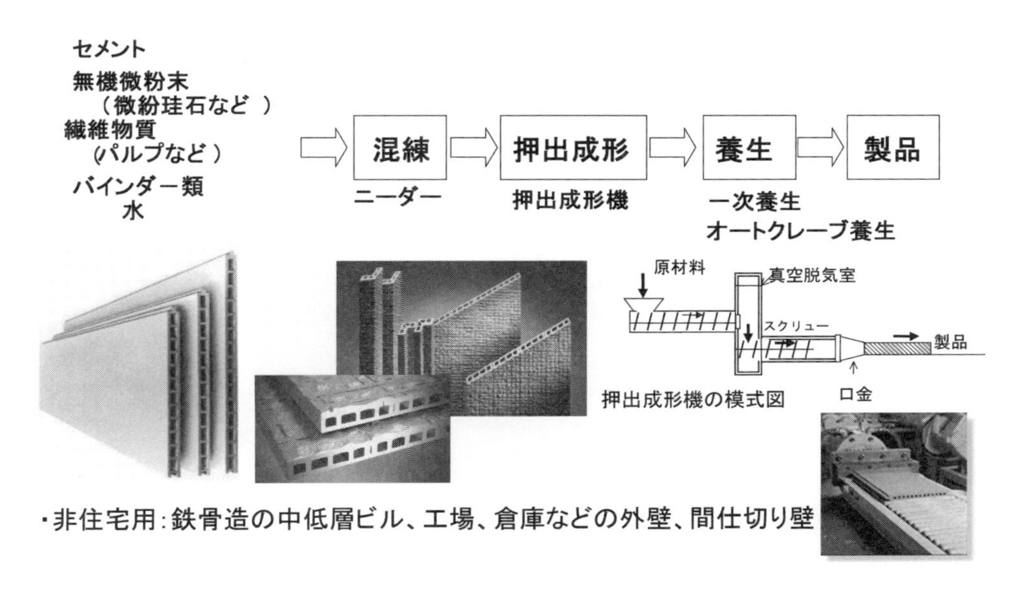

図27　セメント計押し出し成型の材料・工程・製品例

トが水和結晶化して成型体となった後に，結晶化しなかった水分が蒸発すると，成型体は縮み寸法安定性が悪くなる。したがって，セメント水和硬化に必要な水以外の水の使用は極力少なくして成型し，その後170℃を超える温度の密閉された金属容器中で，水蒸気によって成型体を充分に水和結晶化させることで，強度と共に寸法精度を高める製法が用いられている。この押し出し成型品の衝撃強度を確保するための補強繊維の添加は欠かせない。補強繊維の分散は極めて悪く，分散した繊維が絡み合って凝集しないようにするには，押し出し成型用の組成物にある程度の粘性が必要となる。さらに，この押し出し成型用の組成物は成型装置内で水和が始まるため，押し出し成型装置から吐出するまでに水和硬化しないような工夫も必要となる。そこで，セメント粒子に吸着してセメントの凝集硬化時間がある程度延びる混和剤の添加は欠かせない。適度な粘性とセメントの水和硬化，すなわち凝結遅延性に加えて，組成物に分散性を与える混和剤としてMC，HPMCなどの使用が提案され，主にHPMCやヒドロキシエチルメチルセルロース（HEMC）が用いられている。

図28に25℃におけるMCとHPMCのセメントの凝結遅延時間と，セメント粒子へのMCとHPMCの吸着量の関係を示す[58]。セメントの凝結遅延時間とは，セメントとMCあるいはHPMC水溶液の混合開始からの発熱量の計測される発熱ピーク時間と，セメントと水の場合の発熱ピーク時間の差である。セメントへの吸着量が多いMCとHPMCは，セメントの水和結晶化によって凝結遅延時間が長くなる。また，MCやHPMC水溶液の濃度が高く吸着量の多い場合には，凝結遅延時間は長くなり，セメントへのMCあるいはHPMCの吸着によってセメントの水和結晶化が抑制される。この結果に基づき，使用するMCやHPMCを選定すれ

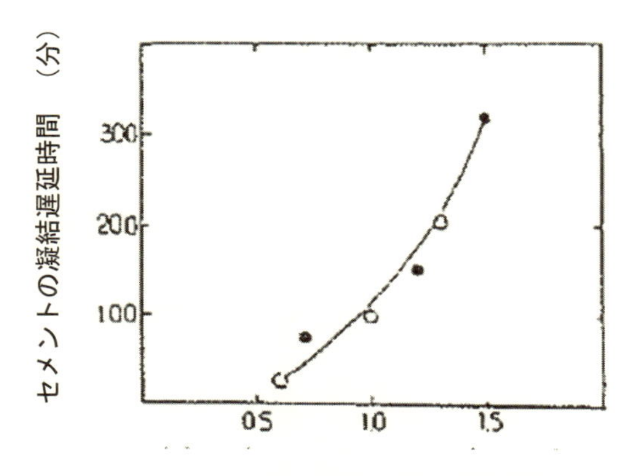

図28　セメントの凝結遅延時間とセメントへのMC，HPMCの吸着量の関係
出典：早川和久，中村紳一郎，千葉徹，高分子学会予稿集，**38**，No.11，3705-3707（1989）

ば，押し出し成型装置の中で成型用の組成物を凝結硬化させることなく成型できる。

セメント系の押し出し成型では，セメントが自硬するので成型後のバインダー力は必要ない。しかしながら，成型組成物中の微粒子の硅石や補強繊維の分散安定化と，押し出し成型時に先端ダイスにかかる高い圧力による水の分離の制御が必要となる。そのために，保水性が高く，かつ前述のように押し出し成型装置の中でセメントが硬化しないように，水溶性のヒドロキシアルキルメチルセルロースがもっぱら使用されている。図29の右図に示す加圧装置にてパルプを補強繊維としてセメント押し出し成型組成物を作り，その成型組成物を一定圧で1分加圧した時に絞り出される水の量を比較した結果を，図29の左図に示す。MC以外の水溶性セルロースとして，HECと比較してもHPMCが優れた保水性を示すことが分かる。また，分子量の大きいHPMCほど保水性に優れており，高分子量のHPMCはセメント系の押し出し成型バインダーとしても適している[59]。これは第4章の5.1節と同様，分子量の高いHPMCほどセメント粒子への吸着量は多く，表面ゲル化がより強固なものになるからである。

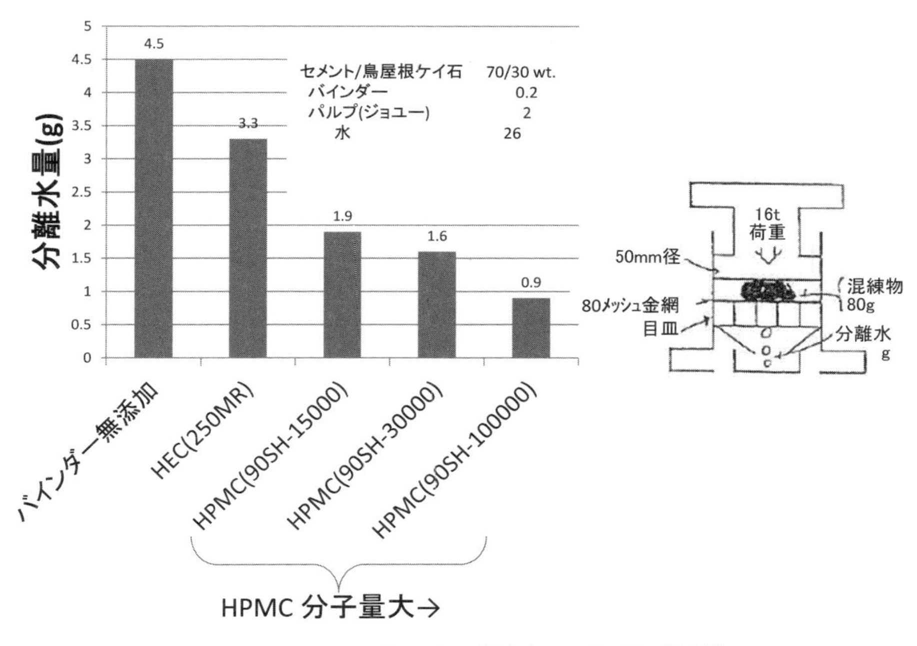

図 29　セメント系押し出し成型バインダー種の保水性

5. 3　モルタルへの応用

モルタルとはセメントと砂（細骨材）を練り混ぜて作る建築材料で，砂利が入らないので高い強度を必要とされる構造材としては利用されていない。モルタルは日本住宅の外壁材として多く使用されてきたが，工程が複雑で，施工日数が 20 日前後かかるため高コスト，施工後に亀裂が入りやすいというような欠点が多い。そのため，最近では，レンガを貼り合わせる目地材やコンクリート壁に貼り付けるタイルの接着に広く利用されている。ここでは，タイル接着モルタルへの応用について述べる。

タイル接着モルタル中のセメントは，水の添加により水和した結晶となり，硬化して接着性を発揮する。したがって，モルタル中の水が不足すると，硬化不良となり接着力が低下してタイルの剥離が発生する。また，モルタル組成物中のセメント粒子の分散が不均一の場合には，硬度発現が不均一のため硬化不良となり接着力も低下する。図 30 には混和剤の HPMC 添加量を変えたセメント/砂重量比 =1/1 のタイル接着モルタルの保水率と，HPMC の分子量の関係を示す。このタイル接着モルタルは JIS A1171-2000 の規定を基に調製したものである。保水率の測定には，住宅・都市整備公団の特別共通仕様書に基づくタイル接着モルタルに規定されている方法を用いている。タイル接着モルタル用の混和剤としての HPMC を添加した場合には，その添加量が増えるほど保水率は高くなることが分かる。このことから，HPMC の添加によってセメント/砂粒子が均一に分散するだけでなく，モルタルから水が分離し難くなって

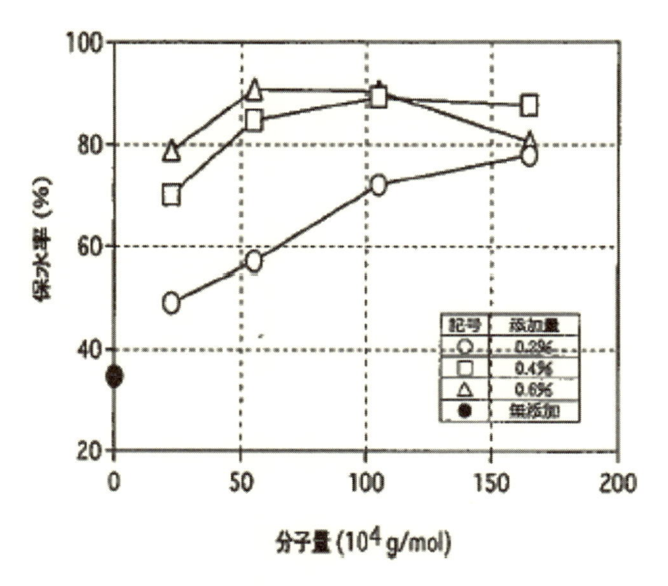

図30　モルタルの保水率とHPMCの分子量の関係
出典：山川勉，水溶性・水分散型高分子材料の最新技術動向と工業応用，
p.853，図17，日本科学情報㈱（2001）

いることも分かる。

タイル接着モルタルの施工では，モルタルを施工したいコンクリートの壁面などにモルタルを広く塗りつけ施工後に，モルタルの表面にタイルを貼り付け，硬化させて接着させることが行われる。塗りつけ施工されたモルタル表面にタイルを揉みこんでいく作業は，施工面積が広いと最初にタイルを揉みこんだところから最後に揉みこむところまで長い時間を要する。その場合，モルタル中のセメントの水和硬化が始まり硬化してしまうので，タイルがモルタルと接着しなくなる問題が生じる。そこで，前節に述べたようにセメントの凝結遅延時間を長く維持し，モルタルの保水性の向上やフレッシュなモルタルの接着力を発揮するためにHPMCが添加されている。セメント/砂重量比 =1/1のセメント接着モルタルについて，セメントに対してHPMCを0.2 wt%添加したモルタルと無添加のモルタルを，それぞれ前述したJIS A1171-2000の規定を基にモルタルをコンクリート面に塗りつけ施工し，タイルをモルタルに接着させるまでの時間（オープンタイムと呼ばれる）を0，20，30分として設けた。その後にタイルをモルタル面に載せて接着し，さらに4週間放置してモルタルを硬化させてからタイル面に接着剤で接着した治具を専用装置で引っ張り，その接着強度を測定した結果を図31に示す。HPMCを添加したモルタルのタイル接着強度は，無添加のものに比べてオープンタイムが20分と30分の場合には高くなることが分かる。このようにセメント接着モルタルのサスペンションの分散安定化においては，分散媒の水の保水性やセメント粒子の凝結遅延時間を制御す

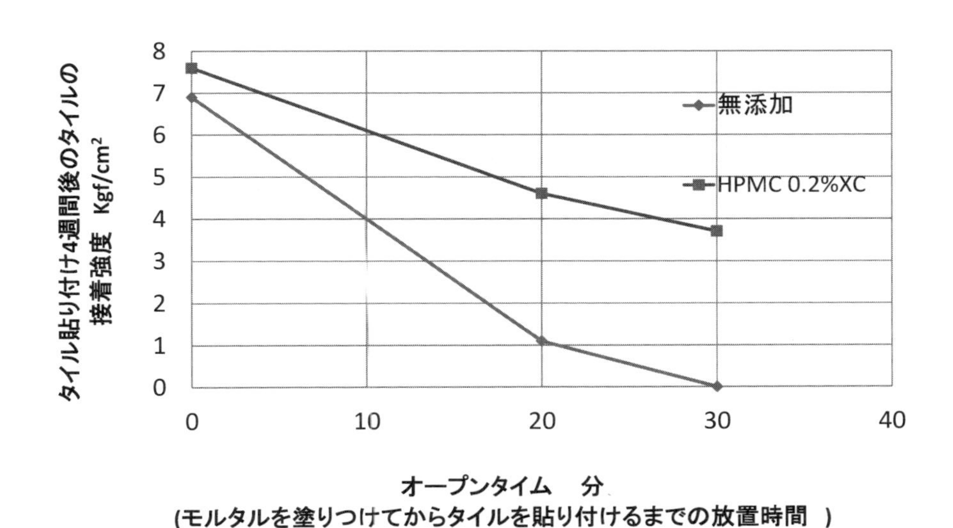

図31 タイル貼り付け後のタイルの接着強度とオープンタイムの関係

ることで，所望の状態を維持している。

海外ではセメント接着タイルの種類も多く，重量のある大型のタイルが垂直面に貼られる場合がある。その場合には，モルタルが凝結するまでに，モルタルに貼り付けたタイルが自らの重みでズリ落ちてしまうことがある。それを防ぐためには，フレッシュモルタル中でセメントや砂の粒子が移動しにくくなるように，橋かけ吸着して凝集作用するようなカラギーナンやゲランガムなどの天然多糖類が，セルロースエーテルに添加され使用されている[60, 61]。

5.4 コンクリートへの応用

コンクリートには，セメントに加えてモルタルで使われる砂より大きなサイズの砂利状のものが骨材として使用される。コンクリートで使われる骨材は2種類あり，10 mm ふるいをすべて通り5 mm のふるいを重量で85 %以上通る細骨材と，5 mm のふるいに重量で85 %以上とどまる粗骨材である。1 m^3 のコンクリートを作成する場合に使用する細骨材の重量を S_c，粗骨材重量を G_c とした時に，これら骨材のトータル重量($S_c+G_c=a$)に対する細骨材重量 S_c の割合を S_c/a （%）として表す。コンクリートでは，必ず大きな骨材が入るためにモルタルに比べてその流動性は悪くなり，材料が分離し易くなる。コンクリートには，建築物の基礎，柱，壁に用いる通常の気中コンクリートだけでなく，橋の橋脚を打設するために水中に施工される水中不分離性コンクリートがある。通常の気中コンクリートでは，型枠にコンクリートを充填する際にはバイブレーターをかけるなどして，流動性や組成物の凝集の改善を図りながら行われる。

一方，水中不分離性コンクリートの施工では，組成物の凝集を抑制しつつ流動させると共に，コンクリート組成物が硬化する前に充填物が波などで洗われて，型枠の周りに散在して汚染しないような工夫が必要である。表2に代表的な水中不分離性コンクリート1 m^3 中の組成の重量組成などを示す。この表におけるWとCは水およびセメントのそれぞれの重量である。表中の流動化剤とは，一般にコンクリートが練られた後に添加され，練り込まれた空気量の変動を与えずに組成物の分散効果を与え，さらに減水効果も示すことより減水剤ともいう。この減水剤の作用については後述する。表2に記載されている水中不分離性混和剤は，水中での材料分離を起こさず，水質汚染抑制に効果を発揮し，流動性を高め，さらには型枠等への充填性を改善する効果を示す混和剤で，コンクリート中の粒子の保護コロイド剤として作用する。当然であるが，このコンクリートは硬化前の混合物の状態（フレッシュ状態）で水中に流動させ，型枠等に充填された状態で水中にあり，そのまま硬化して強度を発現しなくてはならない。また，水中でコンクリート組成物が分離流出しないようにする必要もある。これらの条件を満たすには，コンクリート組成物中のセメント粒子が均一に安定分散するように保護コロイド剤がセメントに吸着して，かつ直接吸着していない保護コロイド剤はセメント粒子が水中に放出しないような適度な粘着性を発揮しなくてはならない。したがって，これらの効果を合わせ持つ保護コロイド剤として水溶性のHPMCが使用されている。さらに，これらの効果をHPMCの分子量について検討した結果を図32に示す。図の左には水中にセメント粒子などの組成物を放出する程度を濁度で計測して検討した結果を，図の右には調製したコンクリートが硬化した時の強度を同様組成のコンクリートを空気中で硬化させた時の強度で除した水中気中強度比（%）を，使用したHPMCの分子量に対してプロットしてある。分子量が低すぎると，HPMCの添加量を増大させないと所望の濁度と強度比に達しない傾向にある。コンクリートのような粒子径がケタ違いに異なる粒子を組成とするサスペンションを実用するには，吸着している混和剤だけでなく吸着していない混和剤の流動性も考慮しなければならない。図32からは分子量 120×10^4 以上のHPMCを用いれば良いことになるが，分子量が 180×10^4 のHPMCを使用すると，高い粘性の発現によりコンリートの流動が悪くなる。したがって，水中不分離性コンクリート用の混和剤としてHPMCを使用する場合には，分子量を 120×10^4 から 180×10^4 に限定する必要がある[62]。

コンクリートは構造材料として施工するもので，特に圧縮強度の発現が重要で，硬化後は高い圧縮強度が維持され，型枠への充填によって形を自由に現場で造るために使用される部材である。その強度は，添加されている砂利の間を詰めているセメントが水和して自硬することで

表2　水中不分離コンクリート配（調）合例

W/C (%)	Sc/a (%)	単位量(Kg/m^3)					流動化剤
		W	C	Sc	Gc	水中不分離性混和剤	
60.0	40.0	225	375	631	961	2.5	C×1%

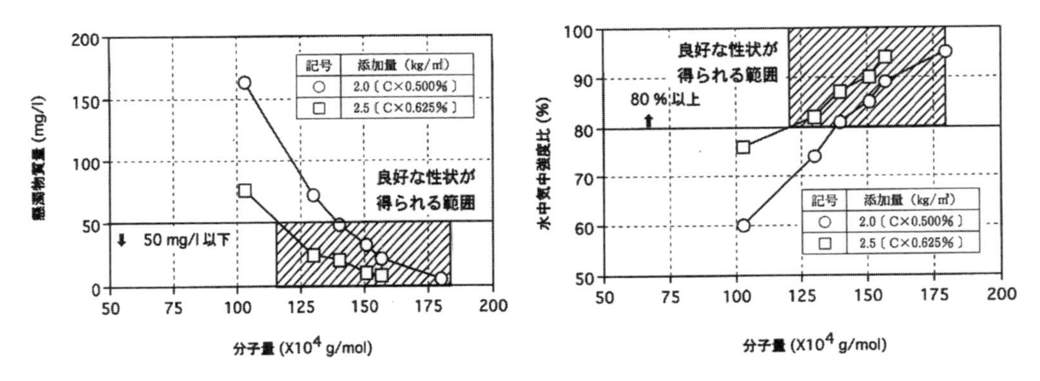

図32　懸濁物質量および水中気中強度比と混和剤分子量の関係
出典：山川勉，水溶性・水分散型高分子材料の最新技術動向と工業応用，p.847，日本科学情報㈱（2001）

発現する。一般的なセメントであるポルトンドセメントの場合，完全な水和硬化でもって強度が発現するまでにはセメント重量の約1/4の水と結合するとされ，さらに水和硬化してないセメントとの結合はしないが，セメント重量の15％の水はルーズな形で結合しており，乾燥すると蒸発してしまうと考えられている[63]。すなわち，最大の強度を発現させるのに必要な水量はポルトランドセメントの約25％で，コンクリートの組成表現で水/セメント（W/C）は約25％と考えられる。つまり，25％を超える水量がコンクリートに含まれれば本来発現しうる強度は減ることになる。しかしながら，実際にW/C＝25％のセメントペーストはほとんど流動しない。これは，セメント粒子同士が凝集して水がセメント粒子間に入り込めず，セメント粒子が流動しなくなるためである。そこで，水と混合したセメントの粒子の表面にイオン性の界面活性剤を吸着させ，セメント粒子の表面全体を同一の電荷に帯電させることにより，粒子間に電気的な反発力を生み，セメント粒子間の凝集を防ぐことが行われている。セメント粒子にはカルシウムが含まれカチオン性に耐電していることから，一般にアニオン性の界面活性剤が分散剤として用いられている。図33にアニオン性の分散剤がセメント粒子に吸着している状態の概念図を示す。固体粒子の表面にできる帯電層は電気二重層で，その電位差は表面電位またはゼーター電位と呼ばれている。ゼーター電位を高めて安定な電気二重層を得るためには，1分子中に多くのイオンをもつ高分子電解質分散剤が低分子の界面活性剤に比べて有利となる。

図34にセメントペーストのゼーター電位と粘度，ならびにセメント分散剤の吸着量の関係を示す。粘度が低くなると，流動性の良いセメントペーストとなり，これがコンクリートに入った場合には流動性の高いコンクリートが得られ易い。したがって，粘度の低くなる分散剤を添加することで，添加水比が少なくても流動可能なコンクリートを調製することができ，強度の発現のための水和に必要外の水量を減らすことにより硬化後の強度は高くなる。

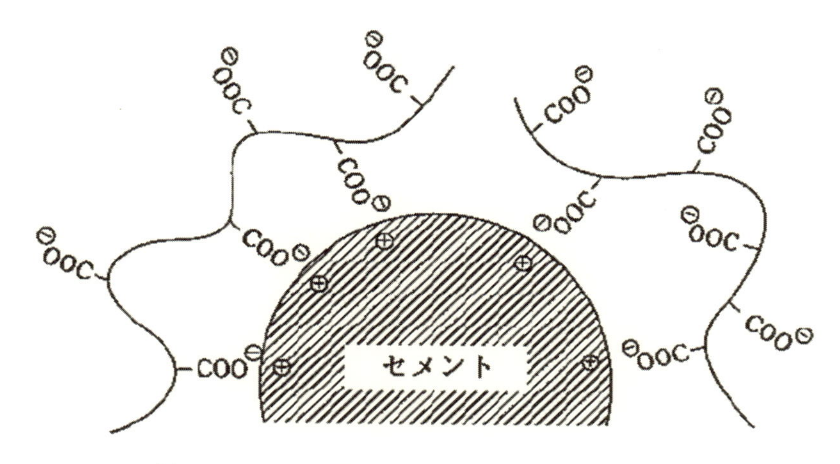

図33　セメント表面でのアニオン性の分散剤の吸着状態
出典：本藤文明，岡田茂，高分子薬剤入門，p.333，三洋化成工業㈱（1993）

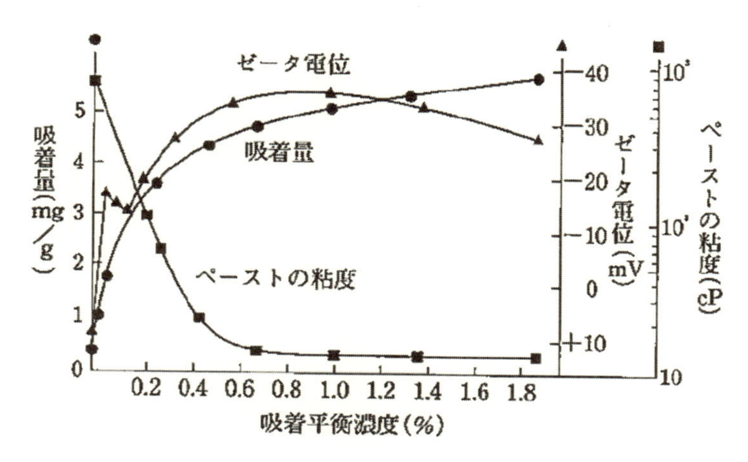

図34　セメント分散剤の吸着量，ゼーター電位，粘度と分散剤の吸着平衡濃度の関係
出典：本藤文明，岡田茂，高分子薬剤入門，p.333，三洋化成工業㈱（1993）

コンクリートに添加する水比を減じても流動性を保持できるコンクリート用の分散剤は，減水剤と呼ばれる。一方，水中で使われるコンクリートでは通常問題にならないが，大気中で使われるコンクリートでは，施工地域によってはコンクリート中の非水和水が凍結してしまうことがある。この非水和水が凍結すると容積が増えるので，コンクリートにヒビ割れなどの欠陥を発生させ，強度低下を招く原因となる。それを防ぐために，コンクリートの調合時に泡を必要な大きさと間隔で分散させて注入することが行われている。泡の量や間隔はコンクリート組成物によって適正値があり，体積で数%の量となると考えられている。このような泡は減水剤の界面活性によって入れることもできるので，泡を入れる性能と減水効果の両方を発揮する界

面活性剤はAE減水剤と呼ばれている。また，この泡の注入によってコンクリートの流動性が改善される場合もある。

表3にセメント分散剤の種類と用途を示す。リグニンスルホン酸塩は，木材中に40％程度含まれるリグニンをスルホン酸塩にしたものである。さらに，減水効果の優れている高分子の界面活性剤として，分子量2000～3000程度の縮合ナフタレンスルホン酸塩やメラミンスルホン酸塩が開発されている。いずれも流動性の改善効果は高いが，コンクリートの流動性が短時間で低下してしまう場合がある。

これに対して，減水効果は若干劣るが流動性の低下の少ないものとして，分子量5×10^3から10×10^3程度のポリカルボン酸塩型の分散剤が，先の減水効果の高い減水剤と併用して使用されている。表4および表5にはこれらの分散剤を使用したコンリートの配合例とその強度を示す[64]。これらの分散剤の添加により，添加水比を減らして高い強度を発現していることが分かる。この他に，グルコン酸ソーダなどのオキシカルボン酸系分散剤が使用されている。これらの分散剤は，コンクリートの組成物や目的に応じて組み合わせて使われる。しかしながら，

表3　セメント分散剤の種類と用途

種類	化学構造例	用途
リグニンスルホン酸系	リグニンスルホン酸系分散剤は種々の形より成る複雑な化合物で，亜硫酸法パルプの製造工程の副産物であるリグニンスルホン酸から作られる	減水剤 AE減水剤
ナフタレンスルホン酸系	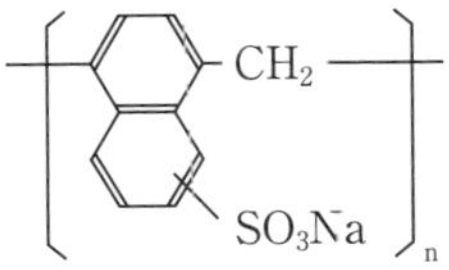 $-[\text{C}_{10}\text{H}_5(\text{SO}_3\text{Na})-\text{CH}_2]_n-$	高性能減水剤 流動化剤
メラミンスルホン酸系	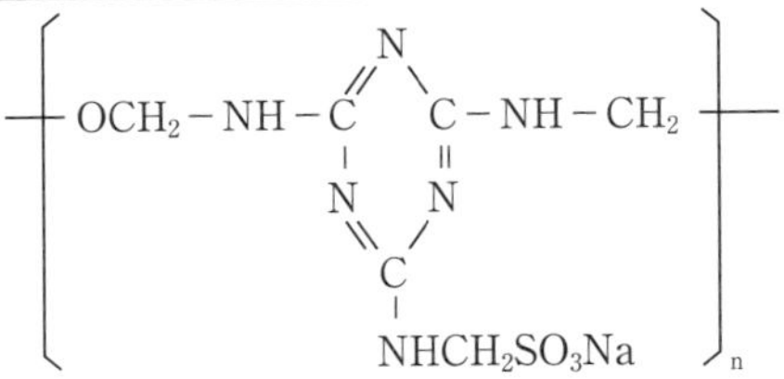 $-[\text{OCH}_2-\text{NH}-\text{C}_3\text{N}_3(\text{NHCH}_2\text{SO}_3\text{Na})-\text{NH}-\text{CH}_2]_n-$	高性能減水剤 流動化剤
ポリカルボン酸系	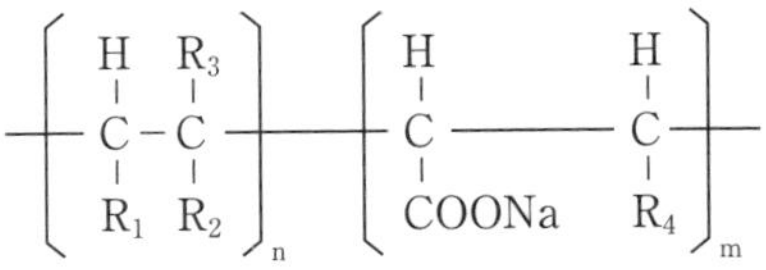 $-[\text{C(H)(R}_1)-\text{C(R}_3)(\text{R}_2)]_n-[\text{C(H)(COONa)}-\text{C(H)(R}_4)]_m-$ R_1，R_2，R_3：水素，アルキル基，その他の置換基 R_4：COONaまたはH	減水剤 AE減水剤

出典：本藤文明，岡田茂，高分子薬剤入門，p.334，三洋化成工業㈱（1993）

表４　リグニンスルホン酸塩を添加したコンクリートの特性

AE 減水剤添加量（%/C）	水／セメント比（%）	空気量（%）	配　合　量(kg/cm^2)				実測スランプ(cm)	製品の圧縮強度(kgf/cm^2)
			セメント	水	粗骨剤	細骨剤		
0	57.5	2.0	280	161	750	1,100	7.1	253
0.2	51.8	4.4	280	145	745	1,100	7.1	306
0	63.3	1.8	300	190	766	1,051	18.3	228
0.2	56.0	4.6	300	168	734	1,086	18.3	279

注１）減水剤添加量は使用したセメントに対する重量％で示す。
　２）粗骨剤は砂利，細骨剤は砂を用いた。
　３）製品の圧縮強度は水中養生 28 日目の強度を示す。

出典：本藤文明，岡田茂，高分子薬剤入門，p.337，三洋化成工業㈱（1993）

表５　リグニンスルホン酸塩を添加したコンクリートの特性

AE 減水剤添加量（%/C）	水／セメント比（%）	配　合　量(kg/cm^2)				実測スランプ(cm)	製品の圧縮強度(kgf/cm^2)
		セメント	水	粗骨剤	細骨剤		
0	42.5	400	170	1,176	644	3.9	587
0.75	39.8	400	159	1,195	655	3.5	628
1.0	38.3	400	153	1,205	660	3.0	659
1.25	35.0	400	140	1,228	672	2.7	742

注１）減水剤添加量は使用したセメントに対する重量％で示す。
　２）粗骨剤は砂利，細骨剤は砂を用いた。
　３）製品の圧縮強度は水中養生 28 日目の強度を示す。

出典：本藤文明，岡田茂，高分子薬剤入門，p337，三洋化成工業㈱（1993）

これらの分散剤では大きな砂利などの分離を防ぐことができないので，水中不分離性コンクリート用途のように型枠への組成物の均一な流動を必要とする場合には，表２のように流動性と分離抵抗性に寄与する混和剤と分散剤である流動化剤が併用される。HPMC のような混和剤に塩の役割を果たすものとしてイオン性界面活性剤が投入されると，塩析したり[65]，特定の疑似架橋体になったりして[66]，所望の流動性や減水性が発揮されない場合があるので，あらかじめ所望のコンクリート組成に添加して確認することが必要である。

文　　献

1）W. Stöber *et al.*, *J. Colloid Interface Sci.*, **26**, 62 (1968)
2）F. Family & D. P. Landau (editors), Kinetics of aggregation and gelation, North-holland (1984)

3) M. Kawaguchi, *J. Dispersion Sci. Technol.*, **38**, 642 (2017)
4) 川口正美，高分子の界面・コロイド科学，コロナ社（1999）
5) M. Kawaguchi *et al.*, *Langmuir*, **11**, 563 (1995)
6) M. Kawaguchi *et al.*, *Langmuir*, **12**, 6184 (1996)
7) 大鐘友貴，凝集構造の異なる親水性シリカサスペンションのキャラクタリゼーション，三重大学大学院工学研究科　学士論文（2012）
8) 山本拓生，凝集構造の異なる親水性シリカサスペンションのレオロジー，三重大学大学院工学研究科　修士論文（2014）
9) M. Kawaguchi *et al.*, *Langmuir*, **13**, 4770 (1997)
10) 森田大貴，ベンジルアルコール中における湿式シリカサスペンションゲルの動的粘弾性，三重大学大学院工学研究科　学士論文（2013）
11) S. Chen *et al.*, *J. Dispersion Sci. Technol.*, **26**, 495 (2005)
12) F.J. Galind-Rosales *et al.*, *J. Am. Ceram. Soc.*, **95**, 1641 (2007)
13) K. Yokoyama *et al.*, *Jpn. J. Appl. Phys.*, **46**, 328 (2007)
14) W. Shih, *et al.*, *Phys. Rev. A*, **32**, 4772 (1990)
15) H. Wu & M. Morbideli, *Langmuir*, **17**, 1030 (2001)
16) H. Asai *et al.*, *J. Colloid Interface Sci.*, **328**, 180 (2008)
17) B. Jönsson *et al.*, Surfactants and Polymers in Aqueous Solution, John Wily & Sons (1998)
18) N. C. Crawford *et al.*, *Rheol. Acta*, **51**, 637 (2012)
19) N. C. Crawford *et al.*, *Colloids Surfaces A: Physcochem. Eng. Aspects*, **436**, 87 (2013)
20) N. C. Crawford *et al.*, *Langmuir*, **29**, 12915 (2013)
21) K. Okazaki & M. Kawaguchi, *J. Dispersion Sci. Technol.*, **29**, 77 (2008)
22) G. Lee *et al.*, *Colloid Polymer Sci.*, **265** 535 (1987)
23) A. S. Makarov & A. V. Gamera, *Colloid J.*, **50**, 591 (1988)
24) 侘美吉孝，親水性シリカ－ベンジルアルコールサスペンションの流動挙動，三重大学大学院工学研究科　修士論文（2014）
25) Y. Kataoka and M. Kawaguchi, *Colloids Surfaces A: Physicochem. Eng. Aspects*, **436**, 1041 (2013)
26) S. R. Raghavan *et al.*, *Langmuir*, **16**, 7920 (2000)
27) M. Ando & M. Kawaguchi, *J. Dispersion Sci. Technol.*, **32**, 686 (2011)
28) R. Marunaka & M. Kawaguchi, *Colloids Surfaces A; Physicochem. Eng. Aspect*, **456**, 75 (2014)
29) K. Hyun *et al.*, *J. Non-Newtonian Fluid Mech.*, **107**, 51 (2002)
30) K. Hyun *et al.*, *Prog. Polymer Sci.*, **36**, 1697 (2011)
31) W. E. Smith & C. F. Zukoski, *J. Rheol.*, **48**, 1375 (2004)
32) W. E. Smith & C. F. Zukoski, *J. Colloid Interface Sci.*, **304**, 348 (2006)
33) H. Hayashi & M. Kawaguchi, *J. Dispersion Sci. Technol.*, **38**, 737 (2017)
34) I. M. Krieger & T. J. Dougherty, *Tran. Soc. Rheol.*, **3**, 137 (1959)
35) S. Chen *et al.*, *J. Dispersion Sci. Tech.*, **26**, 791 (2005)
36) T. Fox & V. Allen, *J. Chem. Phys.*, **41**, 344 (1964)

37) M. I. Aranguren *et al., J. Rheol.*, **36**, 1165 (1992)
38) M. I. Aranguren *et al., J. Colloid Interface Sci.*, **195**, 329 (1997)
39) J. V. DeGroot, Jr. & C. W. Macosko, *J. Colloid Interface Sci.*, **217**, 86 (1999)
40) M. Kawaguchi *et al., Langmuir*, **17**, 6041 (2001)
41) M. Doi *et al., Colloids Surfaces A: Physicochem. Eng. Aspects*, **211**, 223 (2002)
42) S. R. Raghavan & S. A. Khan, *J. Colloid Interface Sci.*, **185**, 57 (1997)
43) S. R. Raghavan *et al., Langmuir*, **16**, 1066 (2000)
44) S. R. Raghavan *et al., Langmuir*, **16**, 7920 (2000)
45) W. P. Cox & E. H. Metz, *J. Polymer Sci.*, **28**, 619 (1958)
46) F. J. Galindo-Rosales & Rubio-Hernandez, *Appl. Rheol.*, **20**, 22787 (2010)
47) S. A. Khan & N. J. Zoeller, *J. Rheol.*, **37**, 1225 (1993)
48) H. Shirono *et al., J. Colloid Interface Sci.*, **239**, 555 (2001)
49) M. Kawaguchi *et al., Langmuir*, **12**, 6184 (1996)
50) H. Mizukawa & M. Kawaguchi, *Langmuir*, **25**, 11984 (2009)
51) N. Shimono *et al., Jpn. J. Appl. Phys.*, **45**, 4196 (2006)
52) N. Nishiguchi *et al., J. Dispersion Sci. Technol.*, **31**, 149 (2010)
53) M. Kawaguchi *et al., Langmuir*, **12**, 6179 (1996)
54) M. Kawaguchi *et al., Langmuir*, **13**, 6339 (1997)
55) 斉藤肇，ファインセラミックスの活用・上，79，大河出版 (1986)
56) 早川和久，成形用有機添加剤，90，ティー・アイ・シー (1993)
57) 早川和久，助剤でこんなに変わるセラミックス，83，ティー・アイ・シー (1993)
58) 早川和久ほか，高分子学会予稿集，**38**，3705 (1989)
59) 特許広告平 7-115902
60) 特許公開平 10-017353
61) 特許 3691250
62) 山川勉，水溶性・水分散型高分子材料の最新技術動向と工業応用，848 日本科学情報 (2001)
63) W. チェルニン著，徳根吉郎訳，建築技術者のためのセメント・コンクリート化学，61 技報堂出版 (1982)
64) 本籐文明，岡田茂，高分子薬剤入門，337 三洋化成工業㈱ (1993)
65) 西田幸次ほか，繊維学会誌，**71**，298 (2015)
66) S. Nilsson, *Macromolecules*, **28**, 7837 (1995)

索　　引

【さ行】

【た行】

【な行】

【は行】

【ま行】

【や行】

【ら行】

著者略歴

川口正美

1973 年　名古屋工業大学　繊維高分子工学科　卒業
1975 年　名古屋工業大学大学院　繊維高分子工学専攻修士課程　修了，三重大学　工学部　助手
1983 年　工学博士（名古屋大学）
1988 年　三重大学　工学部　助教授
2003 年　三重大学　工学部　教授
2013 年　三重大学を定年退職，同大学　工学部　特任教授（継続雇用）
2015 年　三重大学　工学部　招へい教授
2016 年　放送大学　三重学習センター　客員教授
現在に至る

早川和久

1981 年　三重大学　大学院工学研究科　工業化学専攻修士課程修了後，信越化学工業㈱入社，合成技術研究所配属，メチルセルロースの応用と製造研究に従事
1995 年　三重大学　大学院工学研究科　博士後期課程（社会人選抜）入学
1998 年　同課程　修了，信越化学工業㈱　合成技術研究所　開発室長（セルロース研究担当）
1999 年　セルロース学会技術賞「ゼロアスベスト押出建材用バインダーの開発」受賞
2010 年　信越化学工業㈱　合成技術研究所　セルロース研究担当部長
現在に至る

界面と分散コロイドの基礎と応用

2017 年 9 月 8 日　第 1 刷発行

著　　者	川口正美，早川和久	(B1234)
発 行 者	辻　賢司	
発 行 所	株式会社シーエムシー出版 東京都千代田区神田錦町 1－17－1 電話 03(3293)7066 大阪市中央区内平野町 1－3－12 電話 06(4794)8234 http://www.cmcbooks.co.jp/	
編集担当	深澤郁恵／町田　博	

〔印刷　倉敷印刷株式会社〕　

ISBN978-4-7813-1261-3 C3043 ¥8000E